LAO TZU AND
WESTERN
MANAGEMENT

從老子到□□
□□思想
□□□變

王小丹 —— 著

修齊治平
塑造管理者
的內涵與能力

古人的智慧，由「管理是一」到「管理之道」
哲學的實踐，啟迪領導者的信仰與靜心之道

結合東方哲學和西方管理理論，形成管理新思維
一場心靈修練之旅，讓你在面對挑戰時更具智慧和冷靜

目錄

目錄

目錄

後話

目錄

前言

天下熙熙皆順道來，天下攘攘皆因道往。

從古到今把通往一切正確的路徑稱為道。千百年來，從老子的《道德經》一路到今天的管理學，都在探索正確的管理之道。

本書是在取法於道家智慧的基礎上，結合我多年的所學所悟，加以集合整理而成，用以分享給同樣在管理之路上前行的朋友。

管理之道，應該是人生之道。一個德配其位的管理者，應該有統一的人生道理，用來同時完成修齊治平的最高理想。

從今天的實際出發，不管天下的管理學讀物如何五花八門，其根本的宗旨，我覺得還是在傳統經典之中。

執古之道以御今之有。傳統經典中蘊含的哲理，在今天依然可以作為正確的整體指導，所以我們可以從經典出發，取法古聖先賢的智慧，用來改善我們的管理思想，共同學習與感悟今天的足與不足，然後把正確的管理之道傳承下去。

前言

　　人生的道路注定是在修正中走向更遠的，不管未來會遇見多少風雨，相信只有心中有了不變的大道，才能應對好這個變化萬千的世界。

　　歡迎同學、朋友，隨我一起走進感悟的世界。接下來的文字，我希望大家可以清靜地讀下去，也許讀懂了管理之道，大家也會像我今天一樣，感恩祖先的智慧。

第一章　管理的本質

管理是一

天地人是一體，陰陽是一體，悲喜是一體，愛恨是一體。世間全部存在，易經說是一陰一陽謂之道。

管理是一，因為世界是一個對立統一的整體。團隊是一，因為團隊是互補統一的整體。每個人和所有是一，所以古人說天人合一是真理。

正因為人與所有是相對而統一的存在，所以管理學的最高智慧是和諧所有人，和諧萬事萬物。能否組建和諧統一團隊，是管理者的成敗標準。

《道德經》中，老子有言：「道生一，一生二，二生三，三生萬物。」道生一，意思是：道是一個最大的整體，道也是任何整體系統的全部。能夠看出各個成員的整體互補可能，也就找到了組建團隊的祕訣。這裡重點在於，你有沒有意識到一切是一。

人類的任何進步發展，都是在認識更大整體的一，並了解構成這個一的組合方法、方式的過程。而對於每個人，想要提升智慧，第一重要的事，就是認識雜多物象、人事中的一。

例如中醫，意識到人與食物和自然萬物之間，存在著高度互補的統一關係，從而總結出辨證施治的維護人體健康醫學。

再比如，過去我們認為老虎獅子就是該被消滅的動物，而現在我們要保護生物的多樣性。這些都是充分地意識到自然萬物是一個整體，整體上我們應該互補與合作發展，而不是消滅對方而發展自己。

管理者的日常修行，是要去不斷發現團隊內部的想法轉變，有沒有更好統一的可能，把團隊理解成一個有機的生命體，而不是把團隊看作賺錢的工具。

管理者是如何深愛一個團隊的？就在於他懂得了他的團隊就是他的大我。

無論是教育一個人愛家愛國還是愛天下，都要讓他充分意識到，看起來千差萬別的所有，其實是一個有機的系統。

和諧社會是幾千年來，無數人夢寐以求的社會狀態。和諧的根本，就是一個系統健康發展的一。

意識到我與世界本身是一，就有了天人合一的思想。古人為什麼去畫山水，為什麼去寫風寫雨？因為他們懂得，只有透過熱愛外面的世界，才能自在內在的內心。滋

養身心的法則，第一條就是物我合一，天人合一。不斷去愛其他人和事，才能理解人和事，才能做到你與整體更和諧相處，從而真正提升你的管理智慧。

管理者最容易犯的錯誤，是有了分別心後，沒有了統一心，或者有了統一想法，卻沒有分別對待好整體內部各個部分特殊性的能力。只有看到那個內部互補的一，並且會運用這個一，才能長久做好管理。

具體應用例如，無論你與誰合作，想充分和諧相處，第一重要的，就是把你和他理解成一個系統。

不管是父子之間、朋友之間，還是夫妻之間、同事之間，只要有互動合作，一定是想在一個整體系統裡謀求共贏。

這是做好管理者的第一堂課，人生也是如此！

管理是二

道生一，一生二。何為二？二是陰陽。

在男人與女人共同構成的人類中，男人偏陽剛，女人偏陰柔。這是我們祖先很早的發現，而直到今天，依然可以有效地指導我們理解男女關係。

每一天分為日夜，日夜就是陰陽。每一年有春夏秋冬，春夏陽氣盛，秋冬陰氣盛。每個人的身心也同在陰陽二氣的作用下運轉，情緒有陰晴，心態有陰陽，就算走路都是一條腿前進，呈陽氣態勢，另一條腿支撐重心，呈陰氣維持穩定態勢。

一陰一陽謂之道，是說任何一個整體系統，都可以在其中找到陰陽二氣的運轉態勢。想做好管理，就是要在所有事件和人之中，看出陰陽二性的作用和關係。

由於所有的存在，其根本關係都是陰陽相生關係，故有了陰陽相剋相生理論。西方的原子理論的正負電效用，以及辯證法的核心，都是針對本身存在的陰陽作用做出的總結。

在管理學中，我們每分每秒發現的問題本身都是陰陽問題。要看出事物存在與發展的主要矛盾，解決了主要矛盾，次要矛盾便會迎刃而解。這個主要矛盾，就是透過觀陰陽變化來發現的。

管理者在一個團隊之中，每天都面對著諸多矛盾，比如更高的發展目標和現狀的矛盾，比如大力改革和平安穩定的矛盾。意識到萬物萬事的陰陽變化，就一定要清楚，人類無法消滅任何矛盾，只能化主要矛盾為次要矛盾，或者說只能去和諧所有極端運轉的陰陽二氣。

做任何事，都應該用觀陰陽二性的認知方式，力求透過事物表象，觀察到事物發生發展的必然根本，這個根本就是陰陽變化。

目前管理學較重視各種激勵，如股權激勵、金錢激勵等等，但不論用何種激勵，都不能不識陰陽變化。能否確保企業團隊的生存與發展，最重要的是，面對任何風浪，看你能否解決好主要矛盾。

力圖發展，一定要穩定人心，這其實是同時掌控陰陽。發展是要調動陽剛之氣，穩定人心是用陰柔之愛來關懷，兩者不可或缺。而常人最容易求發展而忘了穩定，求穩定而忘記了發展。曾經的左派、右派，就是典型的求陽

而失陰、求陰而失陽的錯誤。

對於任何一個企業或團隊，永遠存在著最主要的陰陽關係，即發展和維持穩定。想要快速發展，就一定要做好陰柔工作。欲達千里，先安其心。

什麼是易經中的二呢？二就是陰陽。

第一章我所談的如果是抱一的智慧，那麼第二章我所談的就是識二的智慧。

熟悉這個二，才能掌握好任何變化。比如想和諧好男女關係，就要準確了解男陽女陰的特點。男偏陽，故喜歡開拓創新；女偏陰，故喜歡穩定溫和。小孩子中，大多數男孩喜歡競技類、戰爭類遊戲，而女孩更偏愛陰柔、安靜類的遊戲。

在管理學中，任何識人用人的理論，其本質要抓住的根據都是陰陽二性的差別性和統一性。比如人類可以被分成喜安穩型和喜開創型，也可以被分為陽光型和陰鬱型，這些最根本的區分，每個人都知道，但有些人卻不知道，這正是古老的智慧 —— 一陰一陽謂之道。

懂得了一陰一陽的運動轉化規律，便可以改變性格，改變命運固定走向。

　　對於管理者，要掌握如何掌控陰陽變化，從知變到應變再到創變，這樣就可以最大限度地順其自然，實現因性利導、因勢利導。

管理是三

《道德經》有言：「道生一，一生二，二生三，三生萬物，萬物負陰抱陽沖氣以為和。」

初步認識了一和二，那麼二是怎麼生的三呢？原來，三是一種能力，是二的能力。負陰抱陽沖氣以為和，便是這個三的能力運作方式。

負陰抱陽沖氣以為和，就是萬事萬物的根本能力，這個能力又可以被叫做和諧陰陽能力，而靈魂的根本就是這個能力。

古人把三叫三才，意思是，三是一種才能。古往今來到處都在說修行，修的是什麼？行的是什麼？答案就在這，修的是三，行的是三。

從抱一觀二，到修三，是古往今來一切能力最簡單的概括。人與人之所以不同，根本原因就在於三的和諧能力不同。古代文人墨客之所以練習對仗 —— 天對地，雲對風等等，就是在修練和諧陰陽的能力。只有這個根本能力提升了，才是智慧的提升。

　　身為管理者，如果無法按照正確的道來修練，就算擁有了很多知識，終究不能處理好變化萬千的問題，緣於沒有觀一識二用三的能力。

　　不能抱一，就無法站在整體角度去愛；不能識二，就無法找到主要的陰陽關係；不能用好三，就無法充分地和諧整體從而做出決策。

　　當今很多人不懂什麼是幸福，幸福就是你感受到了更大整體與你和諧。比如與家人的幸福，就是與家人不斷去和諧互動，並且有所得。

　　不斷發現整體的和諧關係或和諧的更好方式，並且透過我們的努力實現更和諧的發展，便是管理者真正的幸福。

　　怎麼修練陰陽和諧能力？第一要修練的是讓心態達到和諧運轉。第二要修練的是讓行為和諧相處。第三要修練的是讓服務和諧更新。

　　今天太多人對修行有所誤解，認為修行就是去吃苦，或認為修行就是逃離紅塵社會。

　　其實自古以來的真正修行，就是修行這個三，從個人層面叫修身養性，從家庭層面叫齊家，從社會層面叫治國平天下。

修行不是逃避人間，修行是要學會更好地在人間生活。只有正確地修行，才能更自在地生活、工作。正確地修練我們三的能力，更有利於個人、家庭、事業和社會。因為修行的不是別的能力，是和諧能力。

讓陰陽和諧運轉，就要去其極端。

老子說，聖人去甚、去奢、去泰。為什麼要三去？

因為甚、奢、泰，都是陰陽執行過程中出現的極端狀態，極端持續下去，就會有危害。比如，吃得太多就是甚，過分追求所愛就是奢，什麼都不想做就是泰。

唯有充分做到了去甚、去奢、去泰，才能確保陰陽執行與系統的健康發展，這一點對管理團隊更是尤為重要。

管理中只存在三類需要不斷解決的問題：第一類，是想法志向相同的問題，化解這個問題需要用到抱一智慧；第二類，是互相配合、共同合作的問題，化解這個問題需要用到觀二的智慧；第三類，是每個人的修行問題，需要用修三智慧來化解。

這三類問題覆蓋了全部管理問題，也覆蓋了所有的人生困惑。而無論是哪一類問題，都需要我們時刻去甚、去奢、去泰。

　　保持和維護整體的和諧發展，是所有管理者畢生修行的事業，也是個人每天都在面對的事情。在這一章我只是整體介紹了三的大略內涵和外延，下面的章節，我將深入淺出地展開探索，將抱一、觀二、修三的智慧落地成為可學、可用、可感、可悟的和諧能力。

管理中第一難題

古今中外，什麼是管理中的第一難題？

有人說缺少錢最難解決，有人說缺少權威最難解決，更有人認為管理制度不健全是最大的難題。

認為錢能解決主要問題的，會不斷用獎勵去刺激人員；認為權威能解決主要問題的，會不斷加強對其他人員的管控；認為管理制度更重要的，會不斷引入新的管理制度。

但以上這些並不是管理中第一重要的。管理中第一重要的，是抱一。

孟子有言，天時不如地利，地利不如人和。

抱一的智慧就是要實現人和，實現人的志同道合。

實現了人和才能團結更多的人，發出更大的力量。

管理團隊如同管理家庭，一個家庭之中，最重要的不是金錢激勵，不是管理制度，更不是你的權力有多可怕，最和諧的家庭，一定是想法志向相同的，一定是家庭成員的人生追求志同道合的。這樣的家庭，心往一處想，力往一處使，家和萬事興。

　　當今社會經常聽到這樣的觀點，比如男女交往，很多男人總結失敗原因，將其歸結為自己不夠有錢，有些男人把失敗歸結為自己沒有技巧，有些男人總結為自己沒有看好導致對方的出軌。其實真正重要的是，和諧的力量。

　　如果你能讓對方處處感受到美好的愛，如果你能隨時讓對方感受到和諧相處的幸福快樂，如果對方十分欣賞你的智慧才華，就算目前你的物質條件不夠好，就算你沒有社會上的地位，就算你也沒有表現出足夠的聰明，她的心也可能一直在你身上，因為你做到了讓人愛你的第一重要的事，抱住了一體的關鍵，即內在靈魂的和諧。

管理中第二難題

當我們有了抱一的理念，就等於擁有了一顆善待所有人的心。但我們會發現，有很多心存善意的人，卻往往會因為不會行善而將好事做成惡事。為什麼一個人心存善念、善待他人，卻可能將好事做成惡事呢？因為他不能準確識陰陽。

一個人或一個團隊，用心無善意則長久必敗，只有善意的用心無法識陰陽，則難達成善意的結果。

天下人，都想善待自己和自己愛的人，但由於不知如何做到善待，便造成了無數爭端和戰爭。對他人有愛心是對的，但怎麼愛到好的結果，是需要精準服務的。

而所有的精準服務，都是在用自己的有餘補他人的不足（需求）。

天之道，損有餘而補不足。有餘是陽，不足是陰，天下有餘和不足之間的流動，就是陰陽相生。社會結構就是有餘和不足間的陰陽互動互補。

社會是一個由人類組建的最大的團隊，在其中每個人

都各司其職。其本質，相當於人體各個器官，各個器官必須要充分和諧相處，人體才能保持健康。

管理者僅僅擁有好心腸是不夠的，管理工作不同於社會上的其他工作，團隊領導人必須了解整體互補和諧關係，必須能夠判斷決策整體問題。整體的最大問題，可以叫做主要矛盾，或叫做陰陽極端對立。

領導者每天都要修練感受的準確性，第一重要的是感受團隊風氣變化。

一個團隊的任何矛盾都會透過風氣展現出來。一個團隊風氣不和諧，都會透過每個人的精神狀態和整體表現露出端倪。領導者要利用敏銳的直覺，抓住直覺去發現風氣背後的矛盾（陰陽）根本。

比如，當你發現很多員工工作熱情不高，不要以為這很正常，大家不熱愛工作，這本身相當於一個人有了憂鬱傾向，不盡快走出來就會導致嚴重憂鬱。這時一定要找到化解之道，要麼透過會議去動員大家抱成一團，要麼找到他們的困惑原因，例如不公平之風氣，例如對未來信心不足，或者因為互相配合不好帶來的各自為政。

主要的陰陽衝突不化解，就會小疾不治成大患。任何的團隊危機都來自日常衝突的累積。

管理中第三難題

　　管理中的第三難題，其實是每個人的難題，即個人智慧修行問題。

　　什麼是智慧？智慧是內通外達的和諧能力，在內能和諧內心，在外能和諧所遇。

　　管理中的第三類難題，就是人才的選用和人才的培養問題。團隊永遠稀缺更好的人才。人才分為兩類，一類是技術精湛的人才，一類是管理型人才。技術精湛的人才很容易辨識，管理型人才不容易辨識，因為智慧不容易辨識。

　　管理者是最需要智慧的職業，如何辨識一個人的智慧？要學會看人的神情氣質。

　　我們經常評價一個人有氣質，或評價一個人有靈氣，這種種評論，都有一個核心的辨識原則，其實就是辨識人的和諧掌控陰陽的能力。

　　每個人的心靈本身都有一種運用陰陽運轉的能力，所以識人心的根本就在於看他的陰陽變化。

首先是看他掌握神態的能力。眼睛是心靈的視窗，最有效、最直接的識人方式是從他的眼神入手。每個人的眼神中都會流露出兩種情態，一種是靈動性，一種是穩定性，靈動性稱為陽性，穩定性稱為陰性或稱定力。

神態中偏於靈動的，叫做偏陽，通常適合做溝通交流工作，喜歡社交，性格接受能力強，但如果神態中定力不足，就缺少踏實穩定的能力，較反感重複單調的工作，他們愛表現，出風頭，怕枯燥的安靜工作。

神態中偏於穩定的，叫做偏陰，通常適合做穩定性、安靜類的工作，如果靈動性明顯不足，則很難做好交流溝通工作，更不喜歡接受挑戰，他們不愛表現自己，喜歡一個人默默工作。

神態中既有靈動又有定力的，是陰陽和諧能力很強的人，這樣的人適合做管理工作。

以上所講的識人智慧是最初級的一眼識人法，還有更深入的一席談識人法。

古往今來，帝王將相任用官員一般都要透過一席長談，比如韓信見劉邦、諸葛亮見劉備等，不勝列舉。

透過一席談如何快速辨識一個人的管理才能？

　　第一，要透過對話審視對方的判斷力，比如說一件當下較有爭議的話題，透過這個話題可以看出他的去偽存真的能力。一個管理者連真假都判斷不清，是無法當好管理者的，而一個人是透過什麼來判斷真假的呢？

　　是透過去甚、去奢、去泰的能力，天下所有的虛假，都是不符合現實的，只有現實是合情合理的，現實是整體中合於必然性才能發生的。一個人無法分辨真假，就是因為他看不出過分誇張的假，看不出有奇無正的假，也看不出固定有限的假。透過聊天，可以清楚地看見他使用自己心智的能力，是否能夠準確、和諧。越是判斷準確又不失和諧相處能力的人，越適合做好管理。

　　識人用人，可以從辨識一個人的和諧能力出發，做到最短時間識人用人，當然我們需要在日常工作生活中去實踐驗證與修練，順著正確的道路走，並不斷修正錯誤，才能得道。

　　管理第三大難題，除了識人用人難，還有一個難處就是如何培養人才。

　　可培養的人才，只有兩類，一類是管理型人才，一類是技術型人才。

　　技術型人才的培養在這裡先不談，我們重點說管理型

人才如何培養。

領導者該提倡的培養人才策略是，全員修身，全體尊道貴德。

如果想帶出來好的管理者，首先是要重視修行，要尊道貴德。無道德的管理者，注定會失敗。

我們該如何在尊道貴德中去不斷修行進步，是真正解決培養管理者問題的核心。

要花力氣樹立道德修行風氣，道德風氣形成，就會像春天一樣利於百花盛開。

沒有道德的春風化雨，就不會有團隊的生機盎然。

第二章　團隊領導的智慧

團隊的春夏秋冬

春生發，夏繁榮，秋收穫，冬斂藏。

我們愛春天的生發，就要知道如何去繁榮地過渡，如何收穫中留好種子，如何斂藏中醞釀生發。

一個管理者可以透過觀整體氣象、辨識陰陽二氣的方式，了解目前團隊的態勢。

整體氣象如果處於類似冬天的陰冷（老陰）之中，我們就必須醞釀生機。為什麼整體處於陰冷之中呢？陰陽運轉時如若執行缺少陽氣，團隊就會進入寒冬，每個人都處於自保蟄伏狀態。這時領導者應該自查，要麼是沒有暢通諫言建議的管道，要麼是沒有更好地追求引導陽氣生發。

整體氣象如果處於類似秋天的收穫氣象（少陰），比如業績大增之時，整個團隊成員都會渴望得到獎勵分紅，精神、心理會處於期許回報階段。此時領導者應該適當給予利潤分享，並分享深化抱一理念，而且一定要篩選精良種子人才（該人才是在上個發展階段表現優異的技術型或管理型人才）。能夠在每個秋天都合理分配，並且提拔在夏天做出優異成績的人，是領導者不得不從的美好之道。

　　整體氣象如果處於類似夏天的快速發展氣象，稱之為老陽階段。此階段人心浮躁，處於爭名奪利的激烈狀態，領導者應做好道德引領工作，才能收穫滿滿，不然就會因爭名奪利而破壞了和諧基礎。老陽階段如果想要事業持續快速發展，就必須深化團隊的凝聚力，唯有凝聚力才能將陽光雨水轉化為果實。越是發展得快，越要做好道德教育，越要做好抱一工作。什麼樣的團隊是最強大的？能文能武，同心同德。

　　整體氣象如果處於類似春天的生發氣象，稱之為少陽階段。此階段團隊呈現勃勃生機，領導者需要利用這樣的生機，做好發展策略戰術，統一人心，籌備快速發展。生機勃勃的春天並不是團隊最好的狀態，如果管理者智慧足夠，無論是春夏秋冬，都有最正確的事可做。

　　沒有哪個團隊一直處於春天之中，四時變化才是常態。

　　但我們要懂得，不管身處夏天秋天冬天，只有做對了事情，我們才有美好的春天。

　　團隊的春天為什麼能夠不斷到來？因為在冬天的老陰階段，我們醞釀了生機；在秋天的少陰階段，我們分享了收穫，精選了種子；在夏天的老陽階段，我們安定了人心，

守住了和諧；在春天的時候我們籌備了發展，做好了策略布局。

　　快速發展之前，我們必須身處春天的生機勃勃之中，我們必須有足夠的精選種子，我們必須有能打夏天硬仗的準備。

　　這就是管理者尤其是領導者，身處團隊氣象，可以感知的春夏秋冬。每個團隊每個當下，都是身處四季，在陰陽中運轉變化的，不識陰陽變化之理，是很難精準地引領團隊未來的。

　　每個企業或團隊的領導者，都渴望用奮鬥換來團隊的成績。但如果沒有好的策略，就不能走出更好的未來。

最好的策略是信仰

管理的目的是去管理而成自然，策略的目的是不戰而勝。

美好的理想是人人需要的方向，信仰就是追求更好的實現。

把以上的理念融會貫通後，就是一個道理 —— 最好的引領，等於自發自願結隊前行。

每個人都渴望擁有更好的未來，更好的未來是光明的，稱為陽，當下的種種不足是需要填補的，稱為陰。

所有的策略和計畫，都是要負陰抱陽和諧前行。

每天每個人必須面對的，都是當下的不足，和對未來的期許，比如減肥，當下覺得胖是缺點，就要制定減肥計畫，這個計畫就是建立在當下不夠好的基礎上的，可是當下的不夠好是怎麼來的？當然是自己吃出來的、懶出來的呀！所以發生了很難解決的問題 —— 減肥難！

何止減肥難，要改變自身長久的習慣，都是十分艱難的，比如戒菸戒酒，比如挑戰一個新的領域、開拓市場，

雖然難，但不做出改變、調整，就不可能實現更好的理想。於是理想之陽與當下之陰，會一直纏繞、對立在人的腦海，似乎很難有和諧相處的時光。

對於一個團隊的策略理想來說，也存在同樣的問題；策略理想是陽，當下的現狀是陰，無陽則不可生長，無陰則不可存活。

化解這對陰陽對抗，只有一個方法，就是徹底落實員工志向的工作。是徹底落實，而不是表面落實。

美好的未來誰都想去！落實團隊志向，第一重要的是，要提出一個可能實現的願景，並且要讓大多數人都喜歡。具體辦法就是，策略願景最好由成員提出來，管理者只需解決如何做到的路線問題。

團隊的策略是團隊的理想，要盡最大可能讓大多數人參與，參與理想的描繪，這是對每個人夢想的尊重。

理想願景提出來之後，管理者就可以去規劃如何實現它了。

團隊共同信仰的方向，是最好的策略方向。

用錢引導他人，錢會絕裾而去。從古到今，很多宗教中並不發薪水，卻有無數人不計回報地為之付出建設。只

有讓大家共同信仰和熱愛的策略，才是最好的。

　　擁有共同信仰的團隊，被稱作志同道合的團隊。從古到今，東方人最穩定的信仰就是管道，信天之道得到了大多數人的認可。

　　君子愛財，取之有道。文有文道，武有武道，茶有茶道，夫妻相處有夫妻之道，還有教育之道，管理之道。所有的道都是一個道，叫做天之道。

　　天之道，損有餘而補不足，天之道，無繩約而不可解。所有的策略要實現的，都應該是不斷為他人提供更好的服務，也就是用自己團隊創造的有餘，去補天下人的不足。比如醫療團隊，就是要用更好的醫療手段和藥品，去解除天下人的病痛。

　　而最好的醫患關係便是無繩約而可解，不用任何捆綁卻不招而自來，為什麼不招自來？因為我們為患者提供了更好的服務。

　　正確的策略首先是正確的信仰，正確的信仰就是正確的大道。

　　一陰一陽謂之道，做好了以陽補陰工作，就做到了損有餘而補不足。

　　正確的策略，首先要想客戶之所想，急客戶之所急。客戶的需要是團隊不斷要去發現的寶藏，誰能夠清楚地看到客戶的需求，誰才可能制定出正確的策略路線。

　　有了正確的策略路線，又能讓更多人信仰我們的追求，就基本滿足了天之道的法則，我們才能把事業做得美好、長久。

清靜為天下正

老子說：天得一以清，地得一以寧，谷得一以盈，候王得一以為天下正。

身為管理者，不能做無頭蒼蠅，亂飛亂撞，做一切事都要找到根據，而做一切事的根據就是道。

如何在瞬息萬變的時局中抓住根據呢？首先要學會負陰抱陽。負陰抱陽很簡單，就是看到前面就要想到後面，看到優秀的就想到不優秀的，看到發展就想到防禦，看到心態陰霾就想到心態陽光，這叫見到陰陽一體，然後轉化陰陽。

比如，看到團隊前面的人走得很快，就要想辦法讓前面的人帶動後面的人，這叫不捨其後而為先；比如，看到優秀的人得意揚揚，就要想到不優秀的人可能失意沮喪，就要去掉得意者的驕傲自滿，讓不優秀的人增加自信；再比如，看見某人心態不好，就可以跟他分享一下心態陽光的方法，用愛去轉化團隊的心態使其向好。

看見自己有所成就，就要看見那些失意的人，把所有些人都當成一去愛護，這樣才能真正做到抱一而為天

039

下式。

為什麼清靜是天下正？天下有道，走馬以糞，天下無道，戎馬生於郊。一個領導者，如果做不到讓天下太平，就是無道。管理者做不到讓團隊太平，就是無道。

管理者如何有道？意識、掌握、轉化陰陽，使其處於和諧之中，便是有道。讓陰陽運轉經常處於極端對抗狀態，即紛爭狀態，則稱之為無道。

什麼是人生大自在狀態？大自在就是清靜狀態，此清靜不是少言少行，不是無動於衷，而是清靜、樂觀、喜悅。不極端是清靜的根本，清靜就是和諧。一個管理者要達到以不變應萬變，才能得清靜。而以什麼不變應萬變？當然是以有道的不變應萬變。

守住永恆不變的規律，去應對天下變化，才能做到清靜。懂得一陰一陽變化之道，才能得管理清靜，修練掌握陰陽運轉的能力，才是管理者的正確道路。

想要得到管理智慧，是一定要日常修行、日常感悟的，其最佳感悟方式，就是抓住事物的兩個方面去觀察、總結規律，這兩個方面稱為矛盾的兩個方面，或者陰陽的兩個方面。

比如，每個管理者都想要提升業績，就像每個人都想

要多賺錢一樣，業績和錢是陽性的、顯性的。古人說，君子愛財，取之有道，意思是想要多賺錢，就一定要尋找更好的賺錢方法，做人做事的內在修為一定要夠。這樣的理念其實都是實虛結合地看問題，陽為實，陰為虛，所以，做好了相反方面的工作，就能提升另一個方面的成績。

越是發展得不好，越要重視抱一觀二修三。越是發展得好，同樣還是要重視抱一觀二修三。正是因為對於管理者無論何時何地，抱一觀二修三都同樣重要，所以修齊治平的學問，修練的就是和諧陰陽變化的能力。

一個人擁有了大智慧，就等於擁有了清靜美好的狀態；一個團隊擁有了和諧相處的氛圍，就等於擁有了和平美好的生活。管理者是為他人的幸福服務的職業，管理者的使命像父母的使命一樣，給孩子美好的生活，是最重要的。

問題中藏著的道法術

看一個團隊製作的短影片，當我們大笑的時候，有沒有想過是什麼讓我們發笑？

讓我們發笑的其實既是它內在的道又是它運作的法，同樣是它呈現的術。

它內在的道叫相反相成，所以讓我們發笑的內容一定有意外的轉折，這個意料之外就是相反，用相反成就了我們發笑，就是相反相成之道，而它要實現相反相成，可能就要動用人和事來達成，這個達成相反相成的策略叫做它的法，而做到呈現出來很不錯，可能又要經過練習，這叫做術。

透過一個影片，是可以見到作者的道、法、術的，那麼發生在我們面前的所有事呢？當然也都藏著可以被我們覺知到的道、法、術了。

一個員工走到我們面前抱怨另一個員工，首先這是不是道德問題？答案是，是，但不能直接說他道德修養不夠，因為他的行為只要符合一般人的道德水準，就不能被單獨指正是他的不足。

　　所以對於一個團隊而言，如果想要從最根本上解決人與人之間的對立衝突，最好的策略就是，提升整體的道德修養。

　　實現提升整體道德修養，必須從最高領導以身作則開始。

　　上梁不正下梁歪，想教育別人自己就要先做好，這是從古至今不變的真理。

　　只要是人發生的問題，就首先是人的認知問題，認知問題是智慧足與不足的問題，認知問題是知道不知道的問題。

　　雖然很多問題看起來是法和術的問題，但我們要清楚，只要掌握住了道德方向，任何法和術的問題，都是遲早可以攻克的。

　　如果我們學會了透過每件事去提煉道、法、術，並能夠分享給團隊成員，讓大家形成一起感悟學習的氛圍，那麼我們的團隊就會快速團結與進步。

　　這裡的難點在於，領導者是否願意去感悟，是否能夠帶領大家去尊道貴德。道德建設是永遠的建設。

　　真正道德建設的開始，其實是開始於最高管理者的認

定，開始於大量管理者的跟隨，開始於共同學習道德的氛圍形成。當一個團隊急功近利的人太多，那麼再好的管理方法，也只能是紙上談兵，無法實際執行。

管理者在任何事件中，去見道、知法、看術，應該是每天必備的功課。

真正的學習無處不在。世間有很多書都是寫在紙上的，讀了無數紙上的書，也不要忘了，還有一本更厚、更妙、更全面的書，它一個字也沒有，它的名字叫無字天書。這本天書就是我們的生活和工作中的一切。

想要讀懂無字天書，必須學會在萬物萬事中提煉道、法、術，如果能把提煉的道、法、術分享給更多人，就已經是在傳道、授業、解惑了。

抱一而為天下式

抱一，這個一是我們所在的系統整體，同時這個一也是至簡的陰陽之道。抱一而為天下式，是說用這個一去理解所有的方式方法，同時又能夠懷抱整體而為。

老子說抱一而為天下式，也為後世開闢了各家各派正確的天下式。用什麼確保我們的方式方法正確？答案是用整體長久之道。

管理過程中，每個管理者每天都要判斷是非對錯。

有沒有一個必然保證我們相對正確的道理，可以讓我們少付出代價呢？

當然有了，但我們要接受一個理念，就是要相信只有透過了道的衡量，我們的決定才可能正確。

我們如何確定這個世界真正的因果？答案是看清陰陽關係。比如餓和飽是一對陰陽關係，眼睛的看和外面世界的光是一對陰陽關係。再比如寂寞和快樂是一對陰陽關係。

為什麼大多數人都追求金錢？因為物質生活的不足和

金錢能帶來的滿足感，是一對陰陽關係。只要陰陽系統中，他有所缺失，必然有所需要和追求，這就是世界萬物中的必然因果。因如果是陰，追求的一定是陽，結果或成或敗，這就是所有因果的必然連繫。

在萬事萬物中能見到一陰一陽，謂之見道，抱持著見道的理念去做天下的事，叫抱一而為天下式。

一個團隊中的各個階層，都有各自的根本使命和根本需求。比如最高的管理者，他的根本使命就是負責團隊整體的策略指引，以及識人用人的準確掌握；中層管理者，他的根本使命是上傳下達，並帶領好自己的小隊伍，和諧配合整體生存與發展；每個員工的根本使命是完成自己的分內工作，配合、合作其他員工。

根據他們的使命，可以見到他們的偏愛。最高管理者的偏愛是整體和諧發展；中層管理者的偏愛是自己的小團體出色發揮；員工的偏愛是自己薪水賺得多。

知道以上的普通必然，引領他們的方式也就基本確定了。最高管理者需要的引領集中在對整體和諧運轉的掌控上；中層管理者需要的引領集中在上通下達和帶領小隊伍上；對員工的引領則側重於改善他們的工作環境，和提高他們的收入。但這裡不能丟掉的是，對所有人的引領，有

一個永恆的主題，叫做道德引領。

　　以上的判斷來自一陰一陽謂之道，人的使命就是你的職業需求，更好地完成人使命的策略，永遠是人應該去的方向。

　　懂得了抱一而為天下式，就不會被社會上紛亂的管理文化所帶偏，心中有道才能不亂做，心中有陰陽關係的認定，才知道事情該怎麼做。

　　要排除錯誤的方向，就要隨時運用一陰一陽，去準確判斷是非對錯。能夠不斷去貫徹實踐抱一而為天下式的管理者，才是真正的有德之人，因為有德就是順道而行。

知守兼修

老子說：「知其白，守其黑。知其雄，守其雌。知其榮，守其辱。」

對於一個領導者或管理者，他們在團隊中的身分地位，相當於家庭成員中的父母，這是古人精準的類比認定。管理者也只有用類似於父母對待子女的愛去對待團隊成員，才能德配其位。

古人說慈母嚴父，身為今天的管理者，我們是該做慈母還是嚴父？老子說：「知其雄而守其雌。」已然給出了答案。答案是會用嚴格的方法，但內心應如母親般地關懷和慈愛。

其實這樣就是負陰抱陽衝氣以為和，所以說這一章講知守同修，也是在說修練那個三的和諧掌控陰陽的能力。

掌控陰陽，就一定要做好知守。比如知前進也要隨時能夠停止或後退，叫做大丈夫能屈能伸。再比如，知其好美食的一面，也要守住吃的尺度。無論你遇到什麼概念，都要懂得：只要你想到了更大的好處，就要用守住更低的能力的方法來掌控住它，以走向更高、更好的路，老子把

這總結為，知其白守其黑。

老子說：「江海所以能為百谷王者，以其善下之，故能為百谷王。」意思也就是，知其盈，能守其窪。

很多年輕人都覺得生活對不起他，整天抱怨這個抱怨那個，以至於痛苦的是自己，原因就在於沒有掌控好知其不足，也要能知其足。

用知足去常樂，用知不足去奮鬥，這樣陰陽同體掌控的方式，叫做知其陽而守其陰，是修練智慧的根本路徑。

將知守兼修應用到團隊管理中，直接可以改善的是整個團隊的和諧氛圍。很多團隊都提出要追求卓越的文化，追求卓越無可厚非，但如果在追求卓越的文化裡，只能做到追求卓越，則會形成巨大的不和諧因素，這個因素就是整體人心破壞。因為表現卓越者可能看不上不卓越者，如果管理者也認定了只有卓越者才是好的，那麼，那些目前不能做到卓越的人，就很可能不被尊重。

任何一個整體，只要你區分，就一定有優秀和非優秀兩類人並存，對於永恆並存的兩類人，管理者要做到的就是知其白守其黑，知其優秀的好處，也要善待不優秀的員工。

只有從內心看到知其白守其黑的好處，才能更好地引

領整體和諧團隊。這樣的知守觀，其實是對真理的掌控觀，並不是一般的知識，用好了它，便是大智慧。

知守兼修可以被應用到對所有事情的掌控之中，比如我們要去完成一個策略目標，首先要做到的是兩手準備：一手準備就是動員全體成員，去積極配合完成這個目標，這叫做知其陽；另一手準備就是隨時做好出現意外的應對方案，這叫守其陰。做不好防止意外和失敗的應對，也就很難實現成功。

管理者日常工作中，經常會發現員工有心氣不足現象，其根本原因在於沒有做好充分的知守兼修。只要員工意識到，想要幸福工作，就一定要知不足為攻，知足為守，他就懂得了只要工作就要積極進取，同時尋找自己無法積極進取的不足，不斷加以修正，這是知其陽的進攻；同時要認定對於每個當下的心態，必須要保持知足才能樂觀向上。這兩者是對矛盾的和諧掌控，因為世界本身就是由無數矛盾構成的，無法掌握好矛盾執行的人，才會感覺十分矛盾。

少則得，多則惑

清靜、美好、自在，是人生最好的狀態，同樣也是團隊最好的狀態。

順其自然的體驗不累，順其自在而為的人不惑不爭，且能得到該得到的一切。

而掌握實現清靜美好狀態的根本，在於少則得。

在精神世界裡，追求過度會帶來痛苦，奢望過多會帶來痛苦，追求完美的穩定會帶來痛苦，老子說聖人去甚、去奢、去泰，就是要把這三者的過度求多去掉。

有人可能會問，去掉了過度去掉了求多，我們還能不能進步了？

答案是企者不立，跨者不行。什麼是企者不立？踮起腳來站著不會持久；什麼是跨者不行？大跨步地走走不太遠。為什麼呢？因為過了自在而為的尺度，就無法長久保持下去。

所以去掉多餘的想法和行為，就非常重要。

今天的我們，生活在資訊和知識爆炸的時代，多餘且

錯誤的知識多如牛毛，讓無數人找不到正確的人生之路。

少則得，多則惑。我們要實現擁有更多，一定要從少處入手。老子說，圖難於其易，圖大於其細，講的也是實現更大、更多、更強的法則，這個法則就是相反相成。

相反相成，就是指，要想得到更多，就要安心於在少中發現並達成更多的路徑，而不是直接去挑戰一個多到不可能完成的任務。

比如，管理者想要安排一個人擔當重任，一定要注意他做平常小事的能力，如果他平時沒有穩定的和諧能力，如果他做小事的時候不用心，那麼毫無疑問，他無法擔當大任。

少則得，就是做到大成就的根本智慧認知。

懂得了少則得，才能重視日常工作，因為大的能力都是從一點一滴的小事中修練出來的，大的事業都是從最小處一點一滴做起來的。

少則得，更是一種人生態度。學會了少則得，就不必非要在奢侈中尋找享樂；學會了少則得，就沒有必要在極端中尋找刺激；學會了少則得，就能在任何失意不利的局面中，清靜自在地化悲痛為力量，化腐朽為神奇。

懂得了少則得，才能多而不惑。懂得了從小到大是這個世界的成長真理，才能做到步步為營。

懂得了在儉樸中體會美好，才能面對人生的艱難困苦而不亂。懂得了從少中去品味美妙，才能與人成就君子之交。

君子之交淡如水中品味無限，小人之交甘若醴中漸行漸遠，也是少則得、多則惑的人生寫照。

望聞問切

中醫診療講究望聞問切，辨證施治。管理者也要學會望聞問切，辨證施治。

望聞問切，望的是氣色。管理者每天都面對團隊成員，每天都會感受到成員的氣色。有人說我每天看到的成員氣色狀態都差不多，差不多是差不多，差不多也是有明暗氣色的分別。

如果團隊長期處於偏暗氣色之中，證明整體的陽氣不足，發展的意願和動力不足，需要謀劃動員一場想法志向的課程，或者開一次大的會議，為團隊補充下陽氣。

如果團隊爭奪利益過度亢奮，表現就是整體氣色浮躁，則要用道德提升和諧這種極端陽亢，否則長此以往，就會爾虞我詐加劇，導致離心離德。

望聞問切，聞的是什麼？

聽的是成員的心裡話。管理者要經常深入員工的工作，與他們深入溝通，把大量員工普遍的困惑，提升到必須解決的日程表上，團隊身體的病症是不能拖拉的，拖拉

得越久病情越重。

望聞問切，問的是什麼？

問的是重要的事。管理者每天都要提出問題 —— 給自己提出問題，自己才能在解決問題中得到了修練；給團隊提出問題，才能鍛鍊團隊解決問題的能力。學問，學問，所有的文化都來自提出問題。

會問的人注定會學，會進步。沒有任何問題的人，本身就是最大的問題。

不會提問的領導者不是好的領導者，因為想要在任何方向引領人，都要指出當下的不足和問題，如果當下是完美的，奮鬥有什麼必要呢？

會對重要問題進行提問，會對隱患透過提問的方式，鍛鍊其他成員解決問題的能力。管理者可以為自己定個目標，比如每日三問。這三問一是問自己的不足，二是問團隊凝聚力的不足，三是問發展的不足。

望聞問切，什麼是切？

切就是精準地透過細節，發現大問題。比如，你發現有的成員看你的眼神異樣，雖可能是一閃而過，但如果這樣的眼神從好幾個員工眼神中流露出來，就不得不反思，

自己出了什麼問題？見微知著，你不得不在無數細節中，了解那些隱藏得很深的事實真相。管理者如若不能明察秋毫，是很危險的，但也不能草木皆兵。

在管理中，望聞問切可以落實到每分每秒的觀察互動之中。管理者是團隊的醫生，因為除了管理者來治病，團隊中是沒有其他人有這個能力和權力的。

每天都可以透過望聞問切來辨證施治。辨證施治就是從陰陽兩個方面和諧掌控病症，而不能把病從陽極轉化到陰極。

和諧掌控陰陽兩極，不讓系統發生大的極端，才是避免團隊物極必反的管理方略。

治身體用的是藥和方法，治療心靈卻不得不用關懷和愛。

治心三步走

　　人的壓力很大，太多的人心靈有傷痛。

　　人的傷心就是人心的病痛。管理者是老師，是醫生，如果精通治心之道，就能夠給人雪中送炭，為自己的智慧錦上添花。

　　人心之所以會受傷，是因為兩個方面：一方面是求不可得，一方面是已有的美好被破壞了。

　　求而不得時間久了，內心就涼了，這樣的傷需要為其燃起希望之火來治。比如，一個人長期追求完美，一定會導致悲哀失落。解決的方法，可以單獨與他溝通，也可以借他的問題，對全員講解，講解完美不可得，是因為完美只是追求的方向，前途是光明的，道路是注定曲折的。如果我們今天實現了完美，明天去做什麼？

　　下面介紹治心三步走：

　　第一步，抓住問題的根本起因，才可能帶領人走出困境。

　　以上講的是求長久而不可得造成的心傷。

下面講一下已有的所愛或美好失去，帶來的心傷。

這個一般發生在感情失敗之時或金錢的失去之時。

有人會因為投資失敗而跳樓，也有人會因為愛情的失去而自殺，可見痛失所愛帶給人的打擊有多嚴重。

面對這樣的團隊成員，最有效的治療方法是，去建構新的所愛，在建構的過程中，讓時間去慢慢淡化傷痛。這種情況不可能透過一席談直接解決問題，只能引領他重建所愛，隨時間淡化傷痛。

第二步，從問題表面深入，才能看到全面、永久解決困惑的可能。

這裡問題來了，如果我們引領他建構了類似的所愛，未來不是還要失望受傷嗎？對，大致一定是那樣的。所以真正解決這個問題，涉及的已經是真理的指引，而不再是一般的說服了。

什麼是真理的指引？就是告訴他這個世界的真相——我們每個人不要企圖和什麼具體的人或事長久相伴，與每個人最長久相伴的其實是世界。所以愛上這個世界是第一重要的，會與萬物萬事和諧相處是第一重要的，等我們愛上了和所有和諧相處，也就更有利於我們與某個人長久相愛，更有利於我們去賺更多錢。

第三步，從一個解決問題的方向，引申到所有層面，總結出普遍的大道。

君子愛財，取之有道，君子愛情，也要得之有道。

我們只有精通於和諧相處之道，才能在任何處境中都能長久幸福下去。不然，過度依賴任何人或金錢，都無法保證我們的美好自在。

如果一個人凡事都有抱一知二修三的智慧，他就不容易心態極端，就容易保持樂觀向上的工作熱情。

說來說去，解決所有問題的核心，最終離不開的還是對大道的認知，以及順大道而行，所達成的能力。

管理之道，通於世間任何解決問題之道。管理之學不是一般的技術，不是一般的方法，它是帝王之道，修行管理之道，可以得到天下最大的智慧。

解決人的心靈問題，才能帶領人走向自在的人生。

管理者要修為全天下最大的能力，因為我們是領導者，這份責任很重，這份責任很光榮。

使民不爭

《道德經》第三章：「不尚賢，使民不爭；不貴難得之貨，使民不為盜；不見可欲，使民心不亂。」

管理者所在一個團隊，每天都工作在其中，我們也都不喜歡紛爭不斷的團隊，可我們想過沒有，是我們的什麼作為讓我們的團隊紛爭不斷呢？

第一，因為尚賢。什麼是尚賢？尚賢就是今天的推崇優秀。很多管理者都認為，當然要天天推崇優秀，莫非要推崇落後嗎？

老子認為，要推崇前後相隨之道，而不是破壞地獨寵優秀。問題是不直接推崇優秀的人，我們該怎麼引領團隊進取呢？

第一，要告訴所有人，我們之所以把事做得優秀出色，並不是為了比他人強，而是為了整個團隊活得更好，這是抱一的智慧。然後要告訴所有成員，做得優秀的要帶動目前做得不夠好的，大家一同進步，這叫前後相隨。

還要說明，每個人都可能在某方面做得出色，其更大

用處在於，做在這個方面做得不夠好的人的老師。不但不能看不起後面的，反而是優秀的要給予不優秀的更多關懷和幫助。

這樣的教育叫做抱一而不尚賢，這是避免因為推崇優秀而導致爭鬥的最好策略。

第二，引發爭鬥的是領導者貴重難得之貨。

什麼屬於難得之貨？比如一個領導者，不斷追求更奢侈的生活，而且還要用言語行為彰顯奢侈的好處。只要領導者這樣做了，就會漸漸引發紛爭，因為團隊成員會越來越看重利益。當大量成員眼睛裡只有錢的時候，團隊便已經進入到紛爭不斷之中了。

所以領導者不能追求奢侈，要懂得儉以養德的好處。領導者不爭，才能讓團隊長久、和諧相處。

第三，是管理者不斷調動人的貪婪欲望，比如很多管理學書籍，就是打著激發人欲望的旗號，美其名曰用貪婪點燃人的進取心。

這在長久之道上看，是極端錯誤的。具體瞬間上看，還會有點效果，一旦時間長了，就會演變成無所顧忌的內部爭搶。人最好的狀態不是亢奮的狀態，人生的自在是以清靜為基礎的。

　　管理者應該重視道德修行，更要帶動全員注重美好的情操，而不是眼裡只看到利益。

　　道德修養作為任何團隊的第一修養，如果第一修養做不好，再怎麼調動人的激情，也是一時的激情，無法做到持之以恆地成長。

　　對於個人，要用不爭之心，每日都提升自己的和諧能力，每日都有新的收穫。

　　對於團隊，要用不爭之德，每日都能和諧創新，協同發展。

　　以不爭之進取，完善自身的能力，才是管理者不得不知的人生智慧。

第三章　提升管理能力

相反相成

我們身處一個相反相成的世界，每個人也都是相反相成造化而成的生命。

什麼是相反相成？相反就是陰陽的相反特性，相成就是陰陽相合。

今天人們關心的是心靈幸福快樂，因為之前我們解決了溫飽問題。物質生活追求和精神生活追求，是陽和陰的相反。所以用追求物質生活的策略，比如更高更快更強，去追求精神生活，是根本過不好精神生活的。精神生活想過得好，要合於陰柔之道，要不急不躁，要知足常樂，不要亂跑，而是要安靜下來細細品味。

大家都追求快樂幸福，但要知道，越追求什麼，越是要從相反的方向入手，才能更快地得到。放下過度追求快樂幸福的心態，把重心放在接受不快樂不幸福中，然後從不快樂不幸福中一點點發現快樂與幸福，才是最佳捷徑。

想清靜，就是要學會和諧地與萬物萬事互動。動靜相反相成，虛實相反相成。老子《道德經》第二章說：「有無相生，高下相傾，難易相成，音聲相和，前後相隨。」都是

告訴我們相反相成的用處。

精神生活與物質生活，精神為君，物質為臣。老子說：靜為躁君。也是說，物質是心靈使用的工具，過不好精神生活，就不可能過好物質生活。而對於一個團隊而言，精神生活永遠都是最重要的，其次才是必然帶來的物質生活成就。

精神是肉體的君主，管理者是團隊的君主，臣子可以急功近利一些，君主則不能，君主一定要守中而行，居中而立，這個中就是和諧清靜的兩極之中。

易經有兩爻，陽爻為一橫，陰爻為斷橫。陽爻陰爻疊在一起就是陰陽運轉的全部規律。領導者要把內心安放在陰爻之中間，兩手平衡和諧整個團隊的兩極變化。

一個人要保持清靜而為，也要將內心安放在陰爻之正中。這就像騎腳踏車和走路 —— 內心和重心保持穩定性，兩腿兩手控制平衡，左右變動。

我們日常無論遇見什麼大事小情，都要首先清靜下來，只有這樣才能看得分明，判斷準確。古人說泰山崩於前而面不改色，也是說修為要達到的狀態。

越是遇見苦難和危險，越要用清靜、清醒來應對，這是相反相成。比如開車，速度越快，越要冷靜，隨時減速。

古代有過這樣的公案，說一個人熱得在屋裡亂跑，一個禪師說：「你只要停下來，心靜自然涼。」這是典型的用相反之道來解決一個狀態走向極端的案例。

一個人不斷地去放縱欲望得到快樂，其實是不斷走向陽的極端，是飲鴆止渴，倒不如學會品味簡單平常生活。只要隨時保持清靜，只要隨時安心在清靜之中，端坐在陰爻之中，一抬頭就是陽爻正中的無限光明。

管理智慧中，懂得相反相成是理解大道的核心步驟，必須用相反相成去生活、工作，在生活與工作中去感受、去運用相反相成。

古往今來的道理，正確的只有一個，這個道理至簡，就是一陰一陽謂之道，同時這個道理又至難，因為我們要用它去理解萬物，並將其運用到所有之中！

實事求是

老子說，做人做事要知道，要從恍惚的物象中，去見道。

什麼是實事？管理者每天都要面對大量的事情，比如員工的問題、上層領導的任務、客戶問題、家庭問題等等。

擺在管理者面前的世界，是透過各種事件呈現給他們的，如果沒有一個正確了解事情的方向，就會事事見不到真相，事事處理不到點子上。

比如，一個員工反應說：「客戶對我們的產品不滿意。」

事件擺在面前，客戶對產品不滿意，這是事實嗎？未必是事實。因為可能是員工的謊言，他可能隨時編一個謊言來推脫自己的不當和過失。還有可能是他的誤判，比如客戶說產品不夠好，可能是想降低購買成本。還有很多可能，也可以讓員工說客戶對產品不滿意。

要想做到凡事在面前，能夠看到事情的實，需要我們

有以下幾點智慧判斷。

第一點是了解事件中的人，了解這個責任人的三，也就是說要了解他的和諧陰陽的能力。

第二點是了解事件所處的環境，了解事件是在什麼情境裡發生的。

第三點是了解事件之外的整體氣象。

第四點是要看以上三個層面得出的結論是否自然順暢，是否通情達理。

這幾點考量，在《道德經》叫做人法地，地法天，天法道，道法自然。

管理中的任何事都與人相關，識人是第一步，任何人發生的事都有當時的環境和條件，這是人法地；除了這個人面對的環境條件，還有影響他做事的整體背景，於是就要地法天；任何整體執行都必然服從一陰一陽謂之道的規律，這叫天法道；大道執行不刻意而為，這叫道法自然。

上面那個員工的問題，也包括這幾個層面；他的話是真是假的問題，要取法於他的為人；他所在的那個發生當下是不是如他所描述，要取法於他所在的事件實際情況，叫取法於地；他所做的事的整體，是在兩方的什麼大背景

下發生的，就要取法於天；他說的事合不合情理，就要取法於道；他在整個過程中自然不自然，就要取法於自然。

人、地、天、道、自然，這五個層次，存在於任何事情之中，不可不查，不可不知，不可不訓練「五取法」。

只有修練好了「五取法」，才能做到實事求是，求的是便是這個事件的根本原因，看到的實就是真相。在了解了真相的前提下，才能找到解決這個問題的方法，不然就如同緣木求魚，不可得要領。

管理者的智慧，都要運用在人、地、天（整體）之中，運用的正確方式方法叫道，運用得得心應手叫自然自在。

孟子說：「天時不如地利，地利不如人和。」其中的道理是什麼？其實就是人法地，地法天，天法道，道法自然。

是人在取法地，人取法天地，人取法於天地大道，人取法於大道自然。人是取法者，人是用法者，管理者只有從掌握人心規律開始，才能做好管理的核心工作，讓人和發揮最大的力量。

實事求是是為民服務的智慧，管理者能夠明辨是非曲直，才能讓人信服，才能處理好事務。

　　而身為管理者，日常應該注意哪些修練呢？面對複雜變幻的時局，我們如何順天時、用地利、達人和呢？

上善若水

老子寫給最高管理者的文字叫《道德經》，其中上善若水篇廣為世人喜愛，因為這篇文字，用水的形象狀態變化，巧喻得道之人的修為能力。

「上善若水。水善利萬物而不爭，處眾人之所惡，故幾於道。居善地，心善淵，與善仁，言善信，正善治，事善能，動善時。夫唯不爭，故無尤。」

水性與人性，有相同性。身為管理者，要取法變化之道，叫知變；要能夠掌控變化，叫應變；要能夠創造變化，叫創變。這三變，知變、應變、創變，是所有管理者都必須深諳的管理之道。

而順應變化莫測的世界，水是特別能給我們啟示的存在。老子用水比喻得道之人在識變、應變、創變中不爭而得的狀態，為我們明確指出了日常修行的關鍵方向：居善地，心善淵，與善仁，言善信，正善治，事善能，動善時。

上一章我們說要取法於人、地、天、道、自然。這一章講的則是管理者如何管理好一切。

　　居善地，是指無論你身處任何地位，都要以和諧為貴。

　　心善淵，是指無論何時都要向深處感悟，讓自己的智慧深不可識。

　　與善仁，是指無論與誰相處，都要有仁愛之心，行仁愛之事。

　　言善信，是指無論何地何時都要言而有信。

　　正善治，是指用正義正道去做管理。

　　事善能，是指只要做事就要力求做得很好，修練自己做事的才能。

　　動善時，是指所有的行動都要合於時宜，不能不管時機亂行動。

　　這是何等全面的人生指導啊！全方面說盡了管理者應該做的修行方向。只要我們能遵循老子的指引，必然能把管理越做越好。

　　其中的難點在於，陰陽的辨識和掌控。

　　比如居善地，即善於發現自己目前的地位，那麼靠什麼準確得知自己的地位？兩個人對話，每句話都在陰陽變化之中，當下的地位就是你當下所處的陰陽中的一個方面。當對方認為我不好時，我該怎麼轉化他的看法？老子

給出的答案是善利萬物而不爭 —— 我不用爭辯，而是替對方著想就夠了。

「水善利萬物而不爭，故幾於道」，是貫穿於所有修行的根本原則。無論是居善地，還是動善時，都要以服務對方為中心，只有這樣才能得到真正的和諧。

如何做到事善能？不斷地修練為他人服務的能力。

如何做到與善仁？不斷地修練愛他人的能力。

如何做到正善治？不斷地修練把團隊整體當成自己的懷抱，用正義公正去管理團隊的能力。

如何做到言善信？承諾給員工的話，就算自己損失了利益，也要嚴格執行。

如何做到動善時？把握好時機，用善意去帶領團隊，做最好的事情。

如何做到心善淵？擁抱整體團隊，有了和諧能力，做到知變、應變、創變的微妙玄通。

抱一知二修三，永遠是智者不變的秉持。陰陽變化之中，我們應運而生，天地交合之中，我們隨化而來，悟道就是體驗生命，管理就是服務眾生，深愛的自在就是和諧相處，真正的懂得就是相反相成，瞬間便是永恆。

成功之道

《道德經》第六十四章內容如下：

其安易持，其未兆易謀。其脆易泮，其微易散。為之於未有，治之於未亂。合抱之木，生於毫末；九層之臺，起於累土；千里之行，始於足下。為者敗之，執者失之。是以聖人無為故無敗，無執故無失。民之從事，常於幾成而敗之。不慎終也。慎終如始，則無敗事。是以聖人欲不欲，不貴難得之貨；學不學，復眾人之所過，以輔萬物之自然而不敢為。

以上是古老的成功學內容。老子包羅永珍又微言大義地說出了實現成功的真諦，這對於管理者都是不可不知，不可不覺悟的智慧。

管理者每天都要解決問題，但無論你解決什麼問題，都要牢記：其安易持。這個安是指，要麼讓它安定下來，才容易持有，要麼任它動而你抓住了它不變的規律。比如一個人騎腳踏車，是在運動中保持的安穩，其安易持。只有抓住了對方的必然規律，才能安穩地駕馭它，這是成功的基礎認知。我們之所以搞不定一件事，根本原因在於我

們沒有掌握這件事的變化規律。

認清事物的必然陰陽變化，是其安易持的根本。

其未兆易謀，是指要認清事物的陰陽關係變化；其微易散，是說想讓對象消散一定要讓它變得微小；其脆易泮，是說想把對象分離，一定要找到它最脆弱的節點。

以上是成功學的基礎。

每個人都想要長久的成就，就像我們要蓋一個大樓，就像我們要長成大樹，就像我們要去遠行。想要更大的成就，一定是從小處著手、大處著眼，兩者一近一遠，陰陽同體掌控，就好比人走路，眼睛看著前方，腳下一步一步走過去。

不積跬步，無以至千里。管理者一定要有遠方的視野，並且擁有一步一步走下去的決心，這是成功的祕訣。然後要懂得其安易持，包括持有人心，持有事業，持有大愛，持有清靜自在的和諧。

而持久的成功，還需要做到「欲不欲，不貴難得之貨；學不學，復眾人之所過」。管理者不能等同於員工，管理者不能像員工一樣追求金錢，不能把金錢作為自己的第一追求，管理者只應該追求道德的高尚。管理者的學習，也不能同於眾人，要學習的重點不是別人怎麼發財的，要學習

的重點在於別人是如何失敗的。只有避免了必然的失敗，才能走出成功的路，而每個人都各有各自的成功。

《道德經》是中國最早、最全面的成功學，它教我們的不是一般的成功，而是利而不害的成功，是以輔萬物之自然的成功，是不違背天之大道的成功。

天下難事必作於易，天下大事必作於細。

每個管理者本身都是成功之路上的人，能夠領導別人一起走，就是肩負使命的人，要順其大道而行，才能做到利而不害。想要做成難事，從最容易處入手；想要做成大事業，必須學會從小事開始籌備。

而人生永遠的籌備，即是在生活工作中不停修行和諧之道。

和諧之道

　　傳統文化儒道兩家，核心修練的就是和諧之道。

　　和諧之道分成內在和諧與外在和諧。

　　這內外兩和諧的通達叫做內通外達，而「智慧」兩字，就是內通外達之意。

　　內在和諧，稱為心態和諧；外在和諧，稱為對外互補和諧。

　　對於管理者而言，每天處理的任務、事務，都屬於這兩大類，第一類是因為人的心態不和諧導致的紛爭；第二類是因為人與外在事物不會相處而導致的錯誤。

　　如果管理者無法充分了解這兩類問題的根本，就很難解決好內外矛盾。

　　想調和人心內在的不和諧，只有一個辦法，就是教給他一陰一陽謂之道。要告訴那個心態不和諧的人，問題不在別處，問題只在認知。要讓他相信矛盾是世界的根本執行法則。只有不排斥矛盾才能做到和諧矛盾，要先從排斥矛盾走到用心體會矛盾，再到接受一般矛盾，再到能夠抓

住主要矛盾，去欣賞次要矛盾，最終做到可以利用所有矛盾，實現我們要的成就。

每個人的心態問題，其實都是陰陽起伏問題，沒有人能夠做到心態一直好，但智慧人生卻要做到在心態陰霾中見到陽光。「不畏浮雲遮望眼，只緣身在最高層」。在陰霾心態中，需要看到陽光來調和；在心態過度興奮中，需要發現不足來調和。不然大喜大悲會重複出現，讓人感覺顛沛流離。

外在不和諧是由於不會和人與事相處帶來的，什麼叫會相處？會相處就是會和諧相處。

儒家的所有智慧都是要達到人與人和諧共生；道家的所有智慧都是要達到人與天地萬物和諧共生。

與萬物萬事相處，為人類帶來了對道的理解、對法的認知、對術的提煉。

人類的所有道、法、術，都是人與萬物萬事相處中獲得的，道是掌握一切和諧相處的總原則；法是實現和諧相處的某個領域的指導；術是與具體事物和諧相處的經驗。

以上的道、法、術，是全面覆蓋管理者認知的所有，術側重於經驗，法側重於知識，道側重於總原則。

　　一個管理者要學會內心有道，才能最通情達理地使用法和術，而和諧能力又是道的根本能力。

　　最高的管理者應該和諧帶領整體，走向更和諧、更大的整體。一個團隊之所以能長久存在，就在於它能夠不斷地在對外互補中和諧發展。

　　對外在互補中掌握和諧尺度，是一切進展的根本。

　　如果說對內只要有道就能和諧其心，那對外和諧一定要善用法和術。

　　下一節我們就一起探討法、術的使用，即道御法術。

道御法術

多數人都無法區別知識的大致種類，現代很多人認為所有的理念、方式、方法都叫做知識，這也不能說是錯的，但如果不能把天下知識進行準確分類，就很難做到對其合理的應用。

人類的文化知識，可以分為三大類，一類是經驗類的，古人稱之為術，比如木工技術；一類是類別中的方法，比如繪畫門類中的指導，繪畫的指導理論，這類被稱為法；還有一類是古人所說的經，也就是道。

這三類知識在西方的哲學體系中，一類是經驗，一類是一般知識，一類是哲學。

每個人生下來就要學習很多經驗，比如走路經驗、吃飯的經驗。然後會學習很多方法，比如數學方法、物理學方法。但如果這個人一直沒有正確的指導之道，我們就會發現他往往是有才無德，有術無慧，有法無道。

太多聰明人就是因為不知大道，空學了一身的法和術，最終連做人都成為了大問題。

古代的《四庫全書》，收錄了四大門類的學問。其中，經部收錄的都是指導做人的道理；史部指引的是做事的學問；子部介紹的是各個門類的思想方略；集部收錄的是文人墨客的人生，各種體驗和經驗。

管理不是一般的職位，這個職位是最需要有道有德的職位。只有心中有道，才能使用下面的人才，有的人才精通於法，有的人才精通於術。

自古用人，要分成三類對待：最高層管理者，應該重在有道有德；一般管理者，應該精通他所處的門類之法；員工，則至少要勤修其術。這樣的三類人構成了所有健康的團隊系統。

比如漢初的劉邦團隊，韓信精通於戰術，蕭何精通於安定發展之法，張良精通於道，而劉邦善於發現和使用他們。

每個人的內心，同樣由道、法、術三類覺知構成，道、法、術的關係就像人的頭部與神經網路和四肢的關係：頭部負責指揮人的行為，神經負責上通下達，手足負責執行。

一個團隊，如果高層道德出了問題，相當於大腦病變；中層的方法出了問題，就相當於神經紊亂；底層出了問題，

相當於半身不遂。

總之，一個健康的團隊，一定是有道者指揮，懂法者響應，有術者執行。所以，一個管理者不懂得大道，就很難做好指揮工作。

大道至簡，大道至難。悟道只能從當下入手，任何問題本身都是道的陰陽變化，任何事情本身都是可以看到該事件的道、法、術的。比如，一個團隊配合得不好，導致紛爭不斷。這首先是一個道德問題，然後才是方法問題，再然後才是更具體的事件問題。

要懂得從道德入手，去解決所有問題的根本，任何問題的根本都一定有道的原因，也有法的偏頗以及術的錯誤。

太上之路

什麼是太上？太是最，上是好，太上就是最好的，太上之路就是最好的路。道教在後世之所以管老子叫太上老君，就是因為，老子言道，為太上之道。

下面是《道德經》第十七章的話：

「太上，不知有之；其次，親之譽之；其次，畏之；其次，侮之。信不足焉，有不信焉。」

今天是知識碎片化和知識大爆炸的時代，很多人已經根本就不相信，人生還有最好的路可走。尤其是今天的很多管理者，根本就不知道，管理中還有最好的路徑和方向，這個最好的路徑和方向，兩千多年前就已經被老子指出，並且被後世很多大家認可。

管理者應該追求的管理方向是，太上，不知有之，而不應該是親之譽之，更不該是讓人畏懼，也不能透過侮辱人的方式去管理。

莊子說最好的管理狀態是：「上如標枝，民如野鹿。」意思是要達到管理者與被管理者是兩自在兩自然狀態。

　　管理之道，就是在去管理的過程中，實現人的自在而為，實現人的自由自在，並且各司其職。這似乎是一個不可能完成的任務，但這絕對是一個最好的方向。

　　什麼是最好的方向呢？比如，我們每個人都想過上更富裕的生活，卻永遠不能達到最富裕，但這條路卻是在追求通往最富裕的過程中，這條路就是正確的富裕之路。

　　而老子告訴了我們這條路該如何走：應該朝著去管理的方向走，應該還人民以自在的方式走；而不應該獨追求自己的榮譽，更不該用威脅的手段實現，也不能用侮辱人的方式實現。

　　那麼當今各種管理方式，其中有多少走的路是太上之路呢？

　　讓人願意跟隨我們去做，是最好的管理理念。如果不願意，就要自查我們哪裡出了問題。

　　管理者不是員工的敵人，而是類似於員工的老師或兄長父母。我們本是同根生，又共同走到一起建構了緊密的團隊。之前我們提到的抱一的智慧，就是時刻不能忘，人與人是一體的，人與萬物萬事是一體的。誰都喜歡更自在的工作和生活，我們要從道德上統一人心，才能實現每個員工充分的自覺自治。而對於那些個別的不按道德行事

的，才應該給予適當的懲戒。

　　不要因為百分之幾的人不道德，而讓所有人不自在。在我們的管理工作中，只要形成良好的道德風氣，犯錯的人就會越來越少，我們也就漸漸實現了太上的管理狀態。

　　不只是管理，人生也是如此，最好的感情關係，同樣是兩自在且相愛。最好的學習狀態，也是自在地去學習，而不是為了某種特定的目標去學習。用熱愛去完成人生所有的必經之路，就是太上之路。能為員工帶來自在的工作熱情，就是太上的管理者。

　　知道什麼是最好的方向，也就知道什麼是錯誤的方向，什麼是其次的方式。

自在之道

管理者每天都在追求大自在，就像天下人都喜歡自由一樣。可真正的大自在如何保持，真正的自由如何實現呢？

孔子說他七十歲可以做到從心所欲而不踰矩。從心所欲而不踰矩，就是可以保持長久自由自在，這是建立在實現陰陽和諧狀態的基礎上的。

為什麼從心所欲不踰矩是陰陽和諧狀態？因為從心所欲是陽的伸張，不踰矩是陰的掌控，就如同騎腳踏車，自在地騎卻不會跌倒。

想實現自在地騎行團隊這輛腳踏車，必須要懂得和諧平衡之道，只有在和諧平衡掌控狀態中，才能實現自在騎行。

自在之道的修練，關鍵在於：

第一，不要怕艱難困苦，越是經過大風大浪的修練，越能夠面對人生的任何苦難，其核心修練的，就是一種能力。在陰霾中要心向陽光，在苦難中要看出希望。總結一

下就是不能行走在極端的陰霾中，也不能長久行走在得意之中。要學會負陰抱陽，和諧地走下去。

第二，要在生活、工作中處處掌控陰陽和諧平衡，比如想要得到一件事的好處，一定要找到這件事的不足，然後衡量利大於不足，還是不足大於有利。看一個人的性格，看到他開朗的好處，也要看到他開朗的不足，這樣才能更好地管理人。

總之，就是在任何方面裡，都要看到正反兩個方面，只有學會了正反兩方面都可以和諧運用，才能真正走出以不變應萬變的管理之路。

修練從心所欲而不踰矩，就要清楚矩是和諧之道，順著和諧之道，才能從心所欲，不然就會犯錯。

人的一生，最核心的能力就是和諧能力。運轉陰陽的能力，是所有能力的根本。管理者如果能夠抱一知二修三，便已經走向了大自在的路。

自在的管理，就是能在任何事中，都能抱一知二修三。陰陽起伏變化的世界，陰陽起伏變化的事業，在陰陽變化之中，我們餓了吃飯，渴了喝水；我們哭了笑，笑了哭；我們分分合合，取捨。

我們所有相反的概念本身，都是陰陽一體的相反相

成，知其陽就要見其陰，知其餓就要找食物。看到一個人的需要，就要懂得他的追求方向。

　　當今的管理者有很多憂慮，擔心未來，擔心現在，如果無法去除憂慮，就不可能得自在，而智者對於這個問題，是有明確的解決之道的，在整體、長久的策略上要擁有絕對的自信，具體、瞬間的戰術上要發現自身存在的不足。在策略上藐視困難和敵人，在戰術上重視困難和敵人，意思也是一樣的。策略是整體長久之計，必須擁有自信，這個整體長久是需要用穩定的，用陰之用來掌控；戰術上是瞬間具體的，用陽之用來對待。

　　陰性是維護整體穩定的力量，陽性是讓整體充分運動發展的力量，一陰一陽謂之道。只有能夠自在自如和諧使用陰陽的管理者，才能遇變不驚，自在而為地將管理做好。

善貸且成

《道德經》有言：「既以為人已愈有，既以與人已愈多。」

這段話的意思是越是會為他人服務，自己越不缺少什麼；越是會給予他人，自己擁有的反而會越多。

花朵產生花蜜給予蜜蜂蝴蝶，蜜蜂蝴蝶幫花朵傳播授粉。牠們都是創造了有餘，分享給了別人，然後也滿足了自己的需要。

一個人不斷地教別人智慧，他本身的智慧成長是最快的。智慧不怕分享，知識不怕應用，越是會給予他人的人，自己的能力提升越快，越是懂得付出幸福的人，越是能夠做大事業。

《道德經》有言：「夫唯道，善貸且成。」

老子說，大道執行是善貸且成的，善貸是善於有無相生，是擅長共贏，只有擅長共贏才能確保彼此關係長久的美好。

傳道、授業、解惑是共贏的，授人以漁是共贏的，舉

手之勞給他人的幫助是共贏的。

為他人創造快樂是共贏的。只要會做一件事，都可以是共贏的。

而不能持久共贏，就不能持久合作。比如我們做慈善，如果把自己的公司全部捐出去，正常情況下，這是不恰當的選擇。做慈善沒有錯，把公司捐出去就不能細水長流地做慈善，因為不能持久，所以一般人不會那樣做。

物質上的給予，是給予了他人自己就沒有那麼多了。但精神上的給予，卻是給予他人的越多、越正確，自己的精神世界就越富有、越正確。

形而上的精神和形而下的物質，兩者是相反相成的，所以身為管理者，要勤於分享美好的感悟，勤於教別人正確的道理。精神世界，付出給別人越多，自己得到的越多。

管理者未必能天天拿錢捐款，但卻可以做到天天在精神上給予別人指引和幫助。

授人以魚不如授人以漁，授人以魚是善事，但要有足夠多的魚，授人以漁也是善事，但捕魚這個技能不但不會枯竭，反而是越授人以漁，自己越精通捕魚之道。

　　確定了這個很重要，幫助他人可以持久，至少我們可以持續傳道、授業、解惑。

　　善貸且成之道，側重在傳道、授業、解惑。管理者如果自己得道，便可以永遠持續去傳道、授業、解惑了。

　　這樣的事業是正確的，這樣的人生是幸福的。

傳道就是教人會學、會愛、會服務

第一會學，怎麼樣才是會學？

會學從學會關愛開始，把學習看作替別人解決問題，帶著所有人的困惑和問題去學習。

以傳道、授業、解惑之心去學，去感悟。

大家可以玩一個遊戲：每個人說一個自己的煩惱，讓對方去聽，然後對方說一個他的煩惱給你聽，然後自己講解自己如何解決自己的煩惱，並把解惑之道用在對方的煩惱上，解決對方的問題。

第二會管，會管從會愛開始。把管理看成愛別人的方式。最好的管理是會愛，是不去管理別人，而又能實現健康發展。

大家也可以做一個體驗：一個人扮演一個不聽話的員工，另一個人用愛去引領他走向和諧相處。然後兩個人互換角色。

第三會服務，會服務從理解對方需求開始。

將對方當成自己去理解，只是理解並且滿足對方的

需求。

如何理解對方呢？根據工作性質的不同，可以換位體驗：一個人扮演挑剔的客戶，一個人扮演服務人員，用理解對方的方式去解決矛盾，然後互換角色。

管理能力就是會愛的能力。

會學，會愛，會服務，是三會。做好了三會，是做人之道，也是管理之道。

會學，是慈為本；會愛，有愛是能力的源泉；會服務，是成就自己和他人的核心。

最會學的方式就是為他人而學，等於會教。

最會管理的方式，就是為他人著想，最好讓被管理者理解你的管理就是愛的方式。

最會服務的方式，就是以彼此理解為前提，是實現愛的過程，所以一定要拿人心比自心。

總結一下，就是相反相成。會學的過程就是會教的過程，會管理別人的過程就是讓別人讚同你管理的過程，會服務的過程就是讓人理解你是愛他的過程。

一切都是修練愛的能力，一切都是為了實現愛的美好過程，一切也是為了實現愛的美好結果。所以會學就是會

愛，會愛就是會管理，會學、會愛、會管理也是為了會服務，而這些也是成就自己的成功之道，可通用於任何方面來修練達成。

會學、會愛、會服務，其實就是古人說的學以致用。管理者可以透過這一章內容的基本介紹，到工作中去傳道，我們傳的道，就是教人會學、會愛、會服務而已。

第四章　充實管理者的內涵（一）

天圓地方

古人說，天圓地方，今天的人覺得那只是指地球是方形的，宇宙是圓形的。這種觀點，是缺乏對天圓地方理解的一種錯誤解讀。

天圓地方其實是古老的做人做事的人生智慧。

何為天圓？天圓是指最大的整體大方無隅。由於最大的整體是由所有的有楞角的東西構成，所以最大的整體是沒有任何楞角的。這個天圓的理念，是對人做事的要求，人做事是做於更大整體之中的，達成的應該是以和諧整體為方向，所以古人說做事要圓融通變。

何為地方？地方是指人的小我要有規有矩，每個人都要擁有堅定不移的人生信條，內心要有剛正不阿的追求，要永遠保持勇於面對一切的正直。這個地方，其實是對每個個人修身修心的總指導。

天圓地方結合起來理解，便是對待自己的內心要有剛猛精進的修正精神，對待他人要包容慈悲，兩者是陰陽一體關係，即對自己的內心態度必須方正剛直，嚴於律己；對待他人主體上必須寬以待人。所以古人說外柔內剛，外

陰柔，內陽剛，便是對天圓地方的通達理解和應用。

身為一個管理者，一定要秉持天圓地方的理念，修心有剛直勇猛之方正，待人有慈悲溫柔之心腸，只有這樣才能做到外柔內剛。

對外只有以溫柔慈悲之道才能得人心；對自己的心要毫無憐憫之情，才能知錯就改。

人的錯誤就在於同情了不該同情的內心，苛責抱怨了不該抱怨的他人。

古人說，行有不得，反求諸己，也是此意。

一個人想要精進智慧的修行，就要做到外圓通、內剛正。君子內有剛直之氣，外有謙和之態，就是對內剛外柔的詮釋。

內修用陽剛改正錯誤，外達用陰柔實現和諧。這陰陽同體掌控，就是做人做事的簡要綱領。

一條魚在水中吐泡，為什麼泡是圓的？因為水修正了它氣息中的極端，讓它吐出來的不規則的氣流，規則成了一個被充分和諧的氣泡。

有人說人生像一塊石頭，年少時稜角分明，然後滾在生活的溪流裡，變得越來越圓，這也是地球會越轉越圓的

真正道理。方用久了自然會圓。

內心有方，是為了服務他人時，可以圓融和諧。

一個管理者，如果不懂這個道理，就可能對他人過度苛刻，對自己放縱不羈，是不能讓他人信服的。

管理之道，是陰陽和諧之道。對自己下手再狠也總是善待，對他人再慈悲也是愛自己的表現。人生如果能夠明白，學會了善待他人，才是真正地善待自己，也就懂得了為什麼對自己要痛改前非，為什麼有時要壯士斷腕，為什麼要反求諸己。

通達的道理是可以應用到一切範疇的，每個日常生活、工作中的點點滴滴，都蘊含著大道妙理，我們能不能靜下心來去感悟並且學以致用，決定了我們精進的程度。

以正治國，以奇用兵

老子在《道德經》中說：「以正治國，以奇用兵。」

每個人的內心，都是奇正並需、奇正並存的。比如，想要開拓進取便是奇的需要，奇其實就是陽的需要，與此同時，每個人都害怕失敗，喜歡安穩，這個安穩就是正的需要，叫陰的需要。

喜歡快樂的奇叫陽性的需要，喜歡幸福的安穩叫陰性的需要。追求快樂叫逐陽，得到幸福叫知足守陰。學會快樂要以奇用兵，懂得幸福叫以正治國。

想用實現快樂的方式得到幸福的滿足感，是不可能的，因為快樂之法與幸福之法，兩者正是相反的兩個方向。追求快樂要不斷品味新奇特，達成幸福要不斷發覺已有的滿足。

所以知足常樂指的是知足常幸福，今人說的快樂則要透過出奇致勝來獲得。

幸福和快樂誰更重要呢？老子說，清靜為天下正，答案是：幸福是快樂的基礎，陰是陽的基礎，穩定是創新的基礎。

對於管理者而言，穩定人心比激發人心重要，想要激發團隊向遠方奔跑，必須先做好穩定、統一人心的工作，想要讓員工快樂多起來，必須先給他們穩定的幸福感。

知足與知不足比，知足為重，知不足為輕，發現員工的優點為重，指正他們的錯誤為輕。所以溝通中，要對員工以肯定為主、指正為輔，兩者的君臣、主次、重輕關係，不可顛倒。

一支部隊出去再會打仗，如果它所在的國家不會治理，那麼打再好的仗其結果也是失敗。

一個人再會出奇致勝，如果他做人的智慧和修為不夠，最後的結果也不能得以善終。

再會調動和使用陽的能力，如果陰的穩定能力不夠，結果都是因輕而失根，因躁而失君。

最好的管理者，應該是陰陽並用，陰陽和諧發展。

在調動人進取心的同時，不忘給人幸福的穩定保障；在給人穩定保障的同時，不忘調動人的進取心。

這樣的陰陽調和施政的理念，叫天地相合，以降甘露，民莫之令而自均。

以奇用兵，以正治國，同時也是以正做人、以奇立功

的人生指導。想立大功，一定要做到別人做不到的，但做人卻不能挑戰道德的底線。做人有德叫以正做人，做事有才叫以奇做事。

一正一奇其實就是一陰一陽，同謂之天下大道。比如現代生命科學中，基因的穩定性叫陰性，基因的突變叫陽性。再比如，波粒二象性中，我們觀察到的粒子性質叫穩定的陰性，觀察到的波的性質叫外放的陽性。

達爾文（Charles Robert Darwin）的物種起源所描繪的進化論，是偏陰性的觀察結論，而與他爭論不休的拉馬克（Jean-Baptiste Pierre Antoine de Monet, Chevalier de Lamarck）提出的用進廢退理論是偏於陽性的觀察結論。兩者和諧在一起，才能構成相對完整的解釋系統，而他們卻似乎一直對立不休。

一正一奇是對任何概念執行全面的掌控，也是我們認識一切，掌握兩個方面的捷徑。比如，一個人說他最近想挑戰一下自己，這明顯是目前的陽性需求，我們就要看到他的陰性需要同時存在。他為什麼想挑戰？

因為他想用更好的陽，來滿足自己陰性需求的滿足感。

這時有兩個方向可以引領他，如果管理者覺得可以讓

他挑戰一下新的業績，就直接滿足他的願望；如果覺得他不能勝任，就要讓他安於原來的工作，盡量讓他在現有的工作中實現創新，因為滿足感在任何地方都是可以獲得的。

學會以奇用兵，以正治國，是管理者必備的管理理念。

天下萬法皆在道。推陳出新是用兵之計，穩定局面是治國之方。兩者和諧運用，才是管理者永遠修行的真理之路。

守正出奇

一個人再會做事，如果沒有道德修養，就是無正，會做事叫做會變通。能夠守正出奇，才是做人做事的好標準。

對於管理者而言，識人用人，是十分重要的工作範疇，看一個人要看他的兩個方面，一是正的方面，看他有沒有正人君子的品德；二是看他的變通能力，看他有沒有應對變化和創新的能力。

而管理者本人一定要具備知正知奇的能力。適合做管理者的人，必須要能夠守正，有正才能公正，有正才能服人，有正才能有德，有正才能和諧整體。正為重，奇為輕，正為君，奇為臣。

不會識人用人，就會把這兩者用反，比如你提拔了一個有才的人當了高階主管，卻發現他只懂技術而不會管人，甚至連公平都做不到，其根本原因就在於他本身缺正。

僅僅擁有才華，是不能擔當管理重任的。

懂得了守正創新的道理，還可以將其應用到更多層

面，比如創新發展層面。任何創新都是在過去的基礎上做出來的。比如我們想進軍一個新領域，很多人就會想僅憑一個新創意占領市場，這就是幼稚、不成熟的表現，因為知正才能為新。要充分了解那個行業目前做得好的團隊，了解他們的優勢，要學會他們所精通的，這是第一步。只有我們做到了和那個行業頂尖團隊差不多精通，才有可能落實我們的新創意，占領屬於我們的市場。

再新再好的點子，也只是一點成就，想要讓這一點新意發光發熱，必須先掌握住原行業的優勢，這就是守正創新。

長久的成功，來自步步為營的人生策略。進一行就要愛一行，首先不要想著直接顛覆人家，應該先耐心學會人家的優點，然後才可能出類拔萃。

守正出奇，用在修身上，就是指守住清靜才能快樂幸福，人心不亂，才能做得好事情。

守正出奇，用在和諧團隊上，就是要以身作則，立好自己的道德，這樣才有帶領他人共同進步的可能。身正不怕影子斜，想要團隊不斷創新，就要先守住每天的本分。

人生如果想過得不平常，就要耐心接受每個當下的平常，這些都屬於守正出奇。如果一個人或一個團隊，每個

人都有一份願意接受平常的平和之氣，那麼這個人和這個團隊，就能夠抵禦更大的挑戰。

對當下沒有平常心的，就是守不住平常的正，那麼他就很難做出長久的成就。

合抱之木，生於毫末；九層之臺，起於累土；千里之行，始於足下。也是此理。

清靜為天下正，慈柔為天下正，用兵為天下奇，創新為天下奇。

守住清靜運轉，時刻不離慈柔，才可兵行天下，創新無限。

持久的發展，來自整個團隊的守正出新，如何掌握好團隊的正與奇，是每個管理者畢生修行的智慧。

抱一知二修三，負陰抱陽沖氣以為和，是管理者不能離開的管理之道。

通情達理

　　管理者是對人的整體美好負責的領導人。如果不能替人的美好生活充分著想，便是不夠負責的表現。

　　而人的基本需求只有兩個方面 —— 精神需求和物質需求。了解和順應人的精神需求稱為通人情，滿足人的物質需求稱為達事理。

　　通人情、達事理，簡稱為通情達理。一個通情達理的管理者，應該具備什麼樣的能力，以及該如何修練得更通情達理呢？

　　判斷自己或他人通情達理的能力值，有一個標準，通人情的人會照顧到他人的感受，達事理的人會注意做事的是非對錯。只要一個人更在乎別人的感受，他就是擅長通情的人；只要一個人更在乎做事的是非好壞，他就是更擅長達事理的人。

　　通達於感性的人，其表現是談話做事帶有感情色彩；通達於事理的人，其表現是做人做事帶有求真色彩。

　　老子在《道德經》第一章說：「故常無欲以觀其妙，常

有欲以觀其徼。」意思是人面對萬事萬物，只有兩個方面可以介入，一方面是求感性的美妙（觀其妙），一方面是理性地求索（觀其徼）。

管理不同於其他任何職業的特殊性，就在於，管理者是要對人的整體負責的人，而人的整體需要，一方面是情感需要，一方面是物質需要。就是說，每個人要麼在追求美好的感覺，要麼在追求做事的成就。

懂得了每個人不變的兩方面追求，就要懂得這兩個方面如何去實現和掌控。

感性需求叫觀其妙，理性需求叫觀其徼。

如果管理者偏重於感性的追求，就難以帶領大家去做好事業。這樣下去就成了爛好人，好心但辦不成大事。

但如果管理者偏重於事理的追求，就會處處不顧及員工的感受。這樣下去就會與員工情感破裂，成為一個不近人情的管理者。

自古以來，聖賢的特點都是通情達理。唯有通情達理的管理者，才是我們最喜愛的，所以要懂得如何讓自己更通情達理。

第一，想要更通人情，就一定要多和他人交流互動。

　　人的感性需求決定了人都喜歡有趣的、好玩的，多與人探索、分享美好的一切，多與人交流美妙的種種，日久天長，就會更加通人情，就更會與人情感交融。

　　第二，想要更達事理，就要學會觀察事物的陰陽關系。多深入理解做事的成敗規律，多參與觀察團隊事務，日久天長，就會更達於事理。

　　通情與達理，其實就是通陽與達陰，陽是情的需求，是必須透過動態參與修練的；陰是理性求真需求，是必須透過冷靜觀察來深入的。這一陽一陰便是人全面的需求。

　　古人說一陰一陽謂之道，動的美妙稱為陽，靜的觀察稱為陰，管理者就是要陰陽調和，不能走陽的極端，也不能走陰的極端。只有一心運轉陰陽和諧，才能夠和諧更多人的需要，做一個通情達理的管理者。

不爭而得

　　《道德經》第二十二章：「曲則全，枉則直，窪則盈，
敝則新，少則得，多則惑。是以聖人抱一而為天下式。不
自見，故明；不自是，故彰；不自伐，故有功；不自矜，
故長。夫唯不爭，故天下莫能與之爭。古之所謂曲則全
者，豈虛言哉！誠全而歸之。」

　　這一章是老子對一陰一陽謂之道的運用，也是對萬事
萬物相反相成的理解。想要長久保全事業，一定要接受曲
折的過程；想要正義得到伸張，前提是人要感受到屈枉；
想要得到盈滿的幸福喜悅，必須有窪的缺失感。

　　所以想要得到更多，一定要從少處入手；直接去追求
更多，必然帶來困惑。聖人用抱一的智慧，作為做所有事
的根據。聖人能夠做到不過度關注小我，反而能活得明白；
不自以為是，反而被他人稱頌；不自己誇功，反而被別人
表功；不太在意自己的利益，反而能夠長久保全。能做到
這些是為什麼呢？因為聖人用相反的不爭之德，反而成就
了天下沒有人與他爭的結果。上古所說的曲則全，真的是
不變的真理啊。

　　這一章講的其實就是不爭而得。為什麼管理者要學會不爭而得？因為管理者不同於員工，管理者要爭的是整個團隊的利益，而這個爭，恰恰不能與某個成員去爭。

　　管理者要爭的是，為他人提供更好的服務；管理者要爭的是，提升自己的和諧能力；

　　管理者要爭的是，用不爭實現最大的爭，爭為更多人的美好生活貢獻一份力，發出一份光。

　　很多管理者精於計算個人得失，越計算越累，越計算內心越煩惱，這都是不懂得不爭而得帶來的困惑。

　　人生只要順著正確的道去走就好了，其他的交給整體之道。盡人事聽天命，講的就是盡人的所能去兼濟天下，剩下的交給一切去定奪。

　　管理者不能太計較個人得失，管理者要實現的是使整體團隊走向更好。學會不與人爭，就必須學會共贏。

　　要清楚人與人之間最好的關係，不是你爭我奪關係，而是和諧共贏關係。

　　陰陽和諧狀態，其實就是陰陽共贏狀態。比如社會上的三百六十行，其主體構成便是互補共贏關係。再比如男女關係，也是互補共贏關係。就連一朵花與蜜蜂，也是不

爭共贏關係。有人會問,狼與羊是什麼關係?從整體長久上看,是狼的追逐進化了羊的身體結構,是羊的營養進化了狼的生命形態。狼沒有把羊吃光,它每次吃掉的多是老弱病殘。狼與羊的互補共贏關係才是真理,而不是什麼弱肉強食,弱肉強食是瞬間具體的戰術,互補共贏才是整體長久策略和真理。

策略上要不爭而得,戰術上可以偶爾爭奪。老子說,樂殺人者,則不可得志於天下。戰爭只是不得已而為之。不到萬不得已,不能發生激烈爭奪。善戰者不武,能夠不戰而趨人之兵為上。

和諧共贏是整體長久之計,戰爭只是瞬間具體,不得已而為之的手段。

老子《道德經》第七十三章:「天之道,不爭而善勝,不言而善應,不召而自來,繟然而善謀。天網恢恢,疏而不失。」

不爭而善勝,如果能夠做到善勝而不爭,人生又何時何地不自在呢!

智慧修行的三階段

老子說：「下士聞道大笑之，中士聞道若存若亡，上士聞道勤而行之。」

一個人從幼稚走到成熟，從成熟走到有一定的智慧，都要經過下士、中士、上士這三個階段。

以這三個階段，大致可以區分出天下所有人的特點。

第一，下士階段，是指還在表象和經驗獲得中追求和修練的人。他們的表現通常是喜歡遊戲，喜歡吃喝玩樂，不喜歡服務他人。大多數人其實都在這個階段。

第二，中士階段，是指此類人已經不滿足於吃喝玩樂的追求，已經具備了相當的人生經驗，這類人偏愛學習知識，喜歡每天進步，但還沒有做到充分的通情達理。

第三，上士階段，是指這類人已經擁有了正道的指引，知道自己的使命，懂得自己的人生方向，有大我的情懷，有大愛的境界。

這三個階段幾乎覆蓋了所有人，但聖人不在其中，聖人擁有比上士更微妙玄通的智慧。

　　我們在工作、生活中不太可能遇見聖人,所以,能辨識這三類人,對於管理者而言,就已經是足夠智慧了。

　　在這裡要宣告一點,說哪類人是下士或中士,沒有任何貶意,就像說一個孩子天真幼稚並非貶意一樣。下士、中士、上士的區分,相當於在智慧能力上,把人分成少年、青年、壯年,它是人生智慧成長的階段劃分。

　　每個人小時候都對玩具感興趣,根本原因在於,我們和這個世界互動需要大量經驗,所以對新的東西就要非常敏感和喜歡,這樣才能學好經驗。沒有充分的經驗,人是很難生活的,所以經驗的累積過程十分重要。

　　這個階段稱為下士。

　　等人長到二十歲,有一部分的生活經驗已經被領會得差不多,這時他就會投入到經驗的裡面探索,這就進入了追求知識、追求學習進步的階段,這個階段稱為中士。

　　當有些人發現現有的知識彼此矛盾,大量的知識之間南轅北轍的時候,一小部分的人,就會去追求真理,而這類人又要能夠理解和運用真理,這個階段稱為上士。

　　老子說的士,在古代指管理者。我們在這裡討論的是對所有人的劃分。

認知到每個人所處的智慧修行階段，才能較為準確地知道他的愛好，知道他的煩惱，知道他的擅長，知道他未來可以走向何種更好的路。

下士偏愛個人享受，中士偏愛唯美浪漫和個人優秀，上士偏愛兼濟天下。

所以引領下士用個人享樂，引領中士用更優秀更卓越的追求，引領上士用兼濟天下的愛和情懷。

與下士談兼濟天下只能得到認同，很難得到真正的落實；與中士談吃喝玩樂，他們會覺得俗不可耐；與上士談唯美優秀的追求，他們會覺得你格局太小。

一個管理者，每天都要面對這三類人。如果無法充分了解這三類人的差別，就很難做到量體裁衣，也做不到和諧相處，這樣就會造成很多障礙。

每個人都身處智慧修行的各個階段，智慧是和諧能力，和諧陰陽能力不足，就會經常處於極端之中。

認識這三類人，需要我們日常多看多悟。了解每類人的特徵愛好，才能更好地帶領他們和諧共進！

人間有味

如果我說古代文人墨客，是全世界最會生活、工作的一類人，是否有人懷疑？

林清玄說，人間有味是清歡。世俗之人是不會享受清歡的，所以俗人面對獨處的時光，就會躁動不安。

其實享受清歡，就是享受清靜為天下正。多數人永遠是處在內心浮躁的狀態。我們都知道，不能安心就不能得清靜，沒有清靜之心，就很難做好事情。一個心浮氣躁的人，是很難做好一件事的。

而保持清靜安心的核心是能夠享受清靜，古代文人墨客，都偏愛琴棋書畫詩酒茶，劉禹錫在〈陋室銘〉中寫道：「苔痕上階綠，草色入簾青，談笑有鴻儒，往來無白丁。可以調素琴，閱金經。」他用簡潔優雅的筆調，向我們勾勒出了文人墨客的生活。調素琴，閱金經，都是安靜的享受。

身為一個管理者，日常工作中如何避免心浮氣躁，是修行的必備課。用急功近利之心，是不足以建好功德大利的。

學會享受安靜，學會在安靜中品味一切，才是成長智慧的捷徑。靜中觀其變，才看得清楚；靜中去動，才動得不亂；靜中去享受，才是人間有味。

人心惶惶不可終日，是不可能管理好事業的，團隊成員整體心浮氣躁，也不可能做到長足進步。

修養團隊成員的內心，無論對於任何集體，都同樣重要。

需教人先教自己。只有身為管理者的我們，自己學會了修養身心的方法，才能帶領更多人走進人間有味的世界。

清靜且感受美好，是大自在的人生狀態。只有在清靜中感受美好，並把美好感受分享給他人，才是使團隊安其心的長久之計。

管理者每天除了引領大家工作進取外，還應該特別重視，如何引領大家去品味生活與工作。

工作是可以好玩的，工作是可以有趣的，工作是可以一起修養心性的，工作是可以成為修行者最好的道場的。

比如，炎炎夏日我們和員工一起去出差，面對同事下屬的抱怨，我們能不能用相反相成的智慧，引領他們看到

不如意的好處？

　　不如意的好處就是，所有的不如意成就了所有的如意。沒有低就沒有高，沒有前就沒有後，沒有不快樂就沒有快樂，沒有不如意，就不會有如意。任何的不如意，都是修練轉化不如意為如意的修行勝地。

　　只有擁有了隨時在不如意中，將不如意轉化成如意的能力，我們才能真正得到更多如意的可能。

　　遇見陰霾就能讓心靈體會到陽光，在風雨中才可以覺知到彩虹。在炎熱街頭，才想到清涼林下的時光。

　　蘇軾寫過這樣的話：「莫聽穿林打葉聲，何妨吟嘯且徐行。竹杖芒鞋輕勝馬，誰怕？一蓑煙雨任平生。料峭春風吹酒醒，微冷，山頭斜照卻相迎。回首向來蕭瑟處，歸去，也無風雨也無晴。」

　　蘇軾所寫的其實是內心的修練過程：風雨中可見彩虹，不如意中要見到如意，就像智慧的修行，竹杖芒鞋輕勝馬，誰怕？一蓑煙雨任平生。

忘我無我

　　一個人什麼狀態是最幸福的？認真投入做事的時候。普通人最快樂幸福的時光，是盡情玩樂的時候。也有很多人說最幸福的時光是戀愛的時候。

　　無論是戀愛也好，還是娛樂也罷，最快樂幸福的時光，都是投入於與人與事的互動。

　　只有在吃喝玩樂中才能體會到幸福快樂的，就很難在工作中得到幸福快樂。因為普通人沒有實現一個根本的陰陽轉化。

　　如果說愛上享受別人給我們服務叫被動的享受，我們把它稱為陰，那麼愛上為他人服務就是主動的享受，我們稱為陽。

　　將普通人追求的被動享受，轉化成主動服務他人來成就自己的享受。

　　這個轉化是必要的，陰在後陽在前，稱之為服務他人在先，個人享受在後；陰在下陽在上，稱之為和諧。

　　主動在上，被動在下，稱之為陽光積極；被動在前，

主動在後，稱之為陰鬱消極。

最好的工作狀態叫忘我，忘我就是主動將身心投入於做事，我執就是被動地應付做事。

管理者一定要修練忘我之道，忘我才能實現大我。

老子說：寵辱若驚，貴大患若身。何謂寵辱若驚？寵為下，得之若驚，失之若驚，是謂寵辱若驚。何謂貴大患若身？吾所以有大患者，為吾有身。及吾無身，吾有何患？故貴以身為天下，若可寄天下；愛以身為天下，若可託天下。——《老子·十三章》

這一章老子所言之意，直指無我忘我、以身為整體的好處。

古往今來很多人都追求大境界、大格局、大智慧、大我，這些追求本身都是要達到忘我投入於天下的境界。

唯有做到凡所做之事必能投入，全心投入於探索修行，全心投入於為民服務，才是人生長久幸福快樂的根本。不管是投入於愛一個人，還是投入於愛一個家，都只有忘我投入，才能帶來真正的精彩。

我們可以回憶一下，我們童年最快樂的日子，都是忘我地投入遊戲或與朋友做事的時光。不能忘我投入於外

面，就注定不能滿足裡面的空虛。

　　一個人躺在床上不出門，久了，往往會得憂鬱症，就是這個道理。因為封閉自己的心，不讓自己的身心投入於世界中的人，他的精神會飢餓，餓得過度就會要麼得病，要麼荒廢。

　　一陰一陽謂之道，是相反相成。想要成就內心的豐盈滿足，就要認真投入於做人做事，這叫欲成其內，必達於外。想要讓自己的團隊積極向上，一定要讓成員愛上為客戶提供更好的服務。

　　管理者要把這個真理講給更多的人聽，懂得了這個道理的人越多，我們的管理就越好做。

大成若缺

一個人是不是要表現出才能才是真有才能？

一個人的才能只應該自然而然地用出來，而不應該為了彰顯而表演。

一個時時喜歡表現自己才幹或智慧的人，其實他缺少一種對真理的理解，這個真理如果化作一句成語，就是大成若缺。

最大的成就永遠不會是個體的，也不會是個人做出來的。最大的成就一定是整體團隊做出來的，一定是大家共同完成的。而對於管理者個人，注定我們個體是有所缺失的。

比如，管理者擅長管理的未必擅長技術，擅長技術的未必懂管理，一個團隊就是由彼此不同擅長的成員組合而成的。個體對比整體功能，只能是有所缺失的，沒有誰是萬能的，個人離開了團隊卻想要完成大事業，是萬萬不能的。

一個有智慧的管理者，不但不應該處處彰顯自己，而

且要處處給下屬修練發揮的空間，要養成帶動、鼓勵他人進步的習慣。比如在一群人中，最高的管理者要學會配合別人的快樂，要學會甘當綠葉的美德。越是在團隊中地位高，越要放低自己的心，把表現的機會讓給別人。

最高的管理者，充分地表現不足，是給他人足夠的空間修練。比如面對一個問題，管理者應該經常傻傻地提問，讓下屬來解答，還要虛心求學。這就是大成若缺的智慧，又叫大智若愚。

為什麼要若愚？因為領導者表現越智慧，其他人越不可能表現出智慧。會領導者，不是搶風頭；會領導者，不是炫耀自己能耐。

會領導者，是會引導他人進步，是會引領他人成功，是會引導他人快樂幸福，是會引領他人走向更美好的人生。

師父領進門，修行在個人。管理者是師父，要帶領員工進入美好的門徑，不代替鳥飛，不代替馬跑，而是引導鳥飛、馬跑。

大成若缺，大巧若拙，大智若愚，大辯若訥，都是告訴我們，最好的管理者，是善於表現自己的不足，來讓下屬充分地修練他們的足。

　　這是後其身而身先的大智慧。當有一天，我們看到在我們的引領下，員工露出了笑容，我們也許才能體會到，最幸福的事，不是表現自己的優秀，而是看著自己引領的人，越來越有成就。

　　從追求個人成就，到愛上欣賞他人成就，是從小我到大我的轉化過程，這個過程類似於蝴蝶的蛻變，是人生早晚要走的路，大我的天空更美。

第五章　充實管理者的內涵
（二）

食色性也

世界上只有兩類人，一類人偏於關愛自身的食色問題；一類人偏於關愛他人的食色問題。

以滿足自身食色需求為重的，叫自私。以滿足他人食色需求為重的，叫無私。

在這兩者中，食代表金錢，色代表一切美妙的精神感受。

其實人人都是離不開物質生活和精神生活的，古聖先賢早就看出了人的核心需求：一是食，二是色。

人類的文明一定要逐食而居逐水而居，這是食的需要，一旦有了穩定的食物來源，就有了藝術的創造。

身為管理者，要清楚地知道，人的根本需求只有這兩類，一類是物質生活需求，一類是精神生活需求。

團隊出現的種種問題，之所以難治，核心在於這兩大類問題沒有得以很好的解決。

食色矛盾現象，會不斷出現在管理之中。比如員工工作消極，這很可能是因為他在工作中，覺得不美妙，不美

妙就是色的需求得不到滿足，所以他才會整體渾渾噩噩。如果這樣的員工越來越多，就要考慮我們的團隊文化，是不是要在工作中，加以足夠的趣味引領。除了用趣味或藝術豐富員工的工作、生活，還可以用食引領，用食就是用金錢引領，用金錢引領未必就是說直接拿出錢來予以刺激，也可以透過共構美好的理想，然後團結整體，一起向著更富裕的未來出發。

當人擁有了一定數量的金錢，就會出現飽暖思淫慾的反應。很多人賺錢的動力足，是因為他更享受花錢的感覺。這食色兩者相反相成，構成了人所有動力的核心兩極，陰極是食，陽極是色。

一個家庭能夠穩定和諧，就是這陰陽兩極在平衡發展。一個團隊能夠和諧發展，也一定是因為管理者掌控好了這陰陽兩極的運轉。

當員工的薪水達到一定水準，能夠滿足他們家庭的一般需求時，不能忘記建構有趣的團隊文化。當團隊文化建構執行得如火如荼時，不能忘記了動員大家去奮鬥打拚。

只有這兩極充分、和諧地被調動起來時，團隊這個太極才能加速執行，業績才能顯著提升。如果任何一者被調動得過高，另一者跟不上，就會出現陰陽不調的症狀。

　　比如，很多公司用金錢刺激過度，就會出現情感凝聚力下降，整體急功近利，離心離德現象嚴重。

　　或者只重視員工的快樂，而做不到充分盈利，就會出現快樂無法持久，最終還是難逃失敗的命運。

　　讓團隊快樂而幸福地工作，是管理者最好的追求。

　　而負陰抱陽沖氣以為和，才是管理者畢生修練的管理之道。

　　食色性也，陰陽之道也。老子說：「谷神不死，是謂玄牝，玄牝之門，是謂天地根。綿綿若存，用之不勤。」

　　《道德經》第六章中的谷神，就是食，玄牝就是色。食物不絕，才能生生不息。食物不滅，我們才能快樂幸福地活著。

　　管理是為他人謀幸福的職業，管理者不同於員工，我們要以服務他人作為自己的幸福。

　　什麼是兼濟天下？兼濟天下就是服務於天下人的食色。

眾妙之門

　　管理學中有一扇眾妙之門，誰如果推開了它，誰就將愛上管理。

　　多數管理者做管理，只是為了責任的完成和賺錢養家。這樣的管理者，是一般的管理者。為什麼他無法愛上管理？因為他沒有推開眾妙之門。

　　《道德經》第一章有云：「道可道，非常道；名可名，非常名。無名，天地之始；有名，萬物之母。故常無欲，以觀其妙；常有欲，以觀其徼。此兩者，同出而異名，同謂之玄。玄之又玄，眾妙之門。」

　　從第一章裡我們看到了眾妙之門，那麼怎麼推開工作、生活中那扇眾妙之門呢？

　　首先要在人與事中發現奧妙，然後感悟這個奧妙背後的道理。觀其妙結合觀其徼，不斷推進深入，不斷切磋思索，就會漸漸推開無窮奧妙的門。

　　例如，桌子上放著一杯水，透過這個畫面有什麼樣的管理之道可感悟呢？

　　古人說，雲在青天水在瓶，其實說的何嘗不是管理呢？任何事物都通於任何事物的道理。水自己不用刻意守住固定的形態，而杯子卻擁有著相對穩定的形態，一者是無固定形態，一者是有固定形態，兩者結合，稱之為有無相生。管理的規則是有固定形態的法則，管理的智慧應用是無固定形態的大道，兩者結合，才能以無限使用有限。一個水杯不用天天換，但杯中水卻要勤換勤動。管理規則不能朝令夕改，管理者的智慧應用卻可能變化萬千。

　　這就是透過一杯水的取法，並將其應用到管理學中所獲得的日常感悟。學會了觀其妙，結合觀其徼，再加以日常切磋思索，才能推開管理學的眾妙之門。推開了眾妙之門，才能愛上管理，甚至可以為管理學著書立說。

　　在生活中也應如此，切不可經常錯過打動我們的瞬間，凡是讓我們特別有感覺的，都屬於妙，哪怕是讓我們悲傷的點，失落的點，快樂的點，幸福的點，感興趣的或者非常不感興趣的，都可以讓我們靜下心來，品味取法。只有在萬物萬事中，都能學以致用，才能做到愛上管理。

　　如果能夠把我們每天的感悟，分享給我們的同事、朋友，大家一起共同學習、討論，就更有利於整個團隊的發展。

　　任何大智慧都來自點滴累積，無厚積無以持久薄發。古老的智慧，雖然只是一陰一陽謂之道，但若想將此道運用得微妙玄通，就需要我們愛上感悟。清靜的感悟是人生十分美好的享受，所謂修身養性，也是修練一個人在安靜中品味生活，在生活中修練智慧，在智慧中服務他人，在服務他人中幸福自己的能力。

傳道、授業、解惑

管理者的更高追求，應該是傳道授業解惑。

古代的文人士大夫，都是管理者，同時他們也是很好的老師。

為什麼管理者要傳道授業解惑？不傳道，就無以志同道合；不授業，就無以做好經營；不解惑，就無以奮發向上。

其實管理者的工作重心，都在於傳道授業解惑。

那麼問題來了，管理者該如何更好地傳道授業解惑呢？

首先要重視這三者，一是道德引領，二是術業專攻，三是解決煩惱。

第一，日常的道德引領工作。

在日常管理工作中，一旦發現有些人存在不道德行為，就要把它記下來，在會議中或共同學習中，不點名指正。發現道德表現好的，要在會議和共同學習中，不點名表揚。只有獎罰分明，團隊才能保持高度的道德自律。

第二，術業精進專攻。

在日常管理工作中，多去發現成員所擅長、偏愛的術業，將合適的人放在合適的職位上，然後鼓勵他們在術業上提升、進步，讓術業精通的帶領術業不精通的，讓全員充分認知到術業專攻的重要性，只有術業精通的團隊，才是能落實好服務的團隊。對於術業較差的成員，可以透過調職等方式予以合理安排，別讓懶惰的人影響了團隊學術精進的氛圍。

第三，煩惱時時解決。

人生只有煩惱少的時候，動力才是最足的。解決成員煩惱問題，絕對是一件大事，不重視成員的煩惱，就等於對成員缺少關懷。

在日常管理工作中，要關心成員的情緒問題。只要我們能把解決成員煩惱做到位，他們回報給我們的就除了愛戴，還有持之以恆的奮鬥。如何收服人心？解決他的煩惱，或者給他更好的條件。

傳道授業解惑，是古來師者和管理者共同的使命。

前人栽下了智慧樹，我們乘涼，然後我們長成智慧樹，讓別人乘涼。就這樣一代代的子孫，前赴後繼地開創了我們的文明之路，路的兩側古木參天，也蔭及後世子孫。

傳道授業解惑，是一刻不該停止的生命之水，它所澆灌的是智慧之樹，它所盛開的是文明之花。在實現偉大復興的征程上，每個管理者，都應以傳道授業解惑為使命，當好領導者，留下一地蔭涼，讓我們的後輩，在炎熱躁動的時代洪流裡，能夠享受清靜和諧的幸福。

傳道授業解惑，是關懷人全程生命的工作，沒有人不需要正確的道理，沒有人不喜歡精通的技藝，也沒有人不偏愛無惑的人生。

關懷到人的全部，就是要關懷到人每天的需求。

有道有業有自在的人生如何實現？需要管理者負起責任來，做一個員工的好老師，做一個關懷人最整體的管理者。

道法自然

如何工作最不累？如何生活最少煩惱？如何面對任何挑戰還可以雲淡風輕？

答案是道法自然。什麼是道法自然？道法自然是指大道整體執行自由自在，大道所做的就是它所願意做的，大道所面臨的都在它的規劃方向之中。

八小時的工作，為什麼有的人非常疲憊，而有的人很輕鬆愉快？就是因為疲憊的人，通常他所做的事不是他想要做的，他所想要做的不在當下。

求不可得，是所有煩惱的根源。道法自然告訴我們，只有願意去做當下的事，才能輕鬆做好，不然都是不自在、不自然的。

不自然就會刻意，刻意就會更累。懂得了道法自然的道理，那麼只要我們決定做一件事，就只有熱愛它這一條路是最好的路。

一定要去做的事，就要熱愛投入地去完成。這就是道法自然，只有這樣我們的人生才能處處有自在，時時有成就感。

自然就是不極端，陰陽運轉出現了極端對立，是不可能感到自然自在的。比如怎麼辨識一個人說的話是真是假？答案是看他自然不自然。只要他出現了刻意或掩飾，就一定有假。

再會表演的人，也做不到真正的自然而然。就是因為演的不是本我，而本我自然流露才是真實。

只有自然狀態可以持之以恆。兩個年輕人在戀愛時，表現得浪漫多情，一旦結婚後便展露了自然的性情，導致很多人說婚姻是愛情的墳墓。其實如果兩個人從開始就把自己自然而然的狀態表露出來，無論對方接受不接受，都是一種真實待人的品德。

自然是不假，自然是不惑，自然是不過度，自然是不刻意，自然是自在而為，自然是天地執行最整體的長久狀態。

在自然狀態下管理團隊，也要幫團隊成員去除刻意，去除困惑，去除過度。只有做到彼此自在自然，整個團隊才能得到真正的自在。

如果領導者時時處處刻意而為，如果領導者時時處處彰顯自己的功德，整個團隊就會越來越不自在。

團隊就像人體，管理者相當於頭腦，頭腦都不能自然

而然，身體的手足又怎麼可能自然而為呢？

是什麼讓我們心靈疲憊？是不自在，是極端，是沒有做到順其自然，這才是讓我們不斷煩惱和身心疲憊的。

對順其自然的理解，分為兩個層面：第一層，叫做自在地去作為；第二層，叫做順其整體要求而為。

這就是說，人生只做兩件對的事，第一件是順著自我自在地去做事；第二件是順應整體需求去做事。這兩者結合在一起，缺一而不可，能做到順應整體需求自在而為的，叫做順其自然大道而為。

人要麼活在家庭中，要麼活在團隊中，要麼活在社會交往中，只有懂得順應所在整體需求，又能自在而為的人，才能到哪裡都是自然自在的。就像水一樣，都不用爭求表現任何形狀，你是瓶子的整體，我就順應你成了瓶子的形狀，你是池塘的形狀，我就順應你填滿了池塘。

以服務他人為幸福的人，都不需要爭什麼，就能處處成就自己，這就是順其自然，這就是道法自然。

上德不德

老子說：「上德不德，是以有德；下德不失德，是以無德。」

什麼樣的人愛炫富？內心貧窮的人。

什麼樣的人喜歡別人誇讚？內心不夠強大的人。

所以真正有德的人，不會處處顯耀自己有德。就像每個人身邊都不缺空氣，所以我們也沒有人炫耀自己有空氣可呼吸一樣。

自古提倡做好事不留名，究其根本原因就在於，一個人愛做好事，根本就不是為了留名。如果一個人做好事是為了出名，那麼他內心熱愛的就不是做好事，而是熱愛出名。

管理者不得不意識這樣的道理，因為更高的地位，最應該配合的原則就是有德者居之，不然就叫做德不配位。

什麼是有德？抱一知二修三到了順其自然的程度，就能做到有德。

什麼是無德？處處彰顯自己的好，不是為了服務他

人，而是為了成就自己的利益，就是無德。

有德之人其實就是有道之人。

得道之人認為天下人是一個整體，有德之人也就不會有什麼優越感，他們表現出更多的是對弱者的同情和關懷。

不以為自己有德是有德的境界，不以為自己聰明是智慧的境界，不以為自己更貴重是真正可貴的品德。

真正擁有的不用爭也不用求，比如自在，不是靠刻意爭和求得來的才是真自在。

自在管理，就是有德管理，不爭之德，便是上德的狀態。

不用再自以為是的時候，你已經是了，比如我們不用提醒自己是人，因為我們本來就人性自足。

人生在世，唯一長隨我們不離去的，其實是我們的內在智慧能力。

為什麼古人十分重視道德？因為一個人只要擁有了道德，就等於擁有了智慧能力和愛的能力，達到了和諧自在的狀態。這種能力狀態，稱為得道或有德。

老子說：「道生之，德蓄之，勢成之，物形之。」

任何事物都是因為大道而生，又因為從於道而有德，又因為有德而成勢，又因為成勢而有形。

老子說：「萬物無不尊道而貴德，而人好徑。」

意思是除了人的其他生命，都生活在自然而然不過度的狀態之中，而人喜歡走小路，這就是人的特徵，人是最好奇的動物，人也最會出奇，這種奇的特徵成就了人的強大，也帶來了無盡的煩惱和危險。

人是萬物之靈長，老子說：「域間有四大，道大，天大，地大，人亦大。」人作為萬物的靈長，如果無德，眾生都可能身受其害。

同樣，一個管理者如果無德，團隊成員也會深受其害。

尊道而貴德，從老子明確提出，一直到今天，依然是我們一生追求的美好品質。

而上德不德，做好事不留名的美德，是否能夠深入每個管理者的內心，小了說決定了一個團隊的幸福，大了說決定著一個國家的前途。

立天地之心

「為天地立心,為生民立命,為往聖繼絕學,為萬世開太平。」

這一章是從張載的話來談管理者的人生智慧。

第一句,為天地立心。

為天地立心,就是立心於兼濟天下。

從長久看,一個人做管理為什麼做不好?最主要的原因是沒有無私的愛。沒有大愛就不能做到公平正義,不能公平正義就不能做好管理。

天下為公,是管理者必須擁抱的情懷。就是要用最無私的愛,來做好一個領袖。

這就是古人說的,為天地立心。只有為天地立心,才能有一份大愛,只有以身為團隊整體,才能做好一個管理者。

第二句,為生民立命。

為民服務就是做好一切事業的初心,不斷地為民服務,是管理者永恆的使命。

管理者一定要不斷提升為民服務的能力，就像一個人要修身齊家治國平天下。古往今來，正確的人生智慧都是一樣的。

第三句，為往聖繼絕學。

為往聖繼絕學，就是要執古之道以御今之有。要學習傳統文化精髓，將其用於管理自己和管理團隊。

一個人如果只是普通員工，他可以沒有大智慧，但一個肩負著更多人生活、工作需求重擔的管理者，是必須不斷提升自己智慧的，因為管理者要對自己員工美好的人生負責。

一個好的管理者，就像是古代的父母官，要想做好一任父母官，就必須擁有一定的智慧和愛心。而縱觀幾千年的人生智慧，身為管理者，要時刻謹記的，我個人覺得應該是老子所言的「三寶」：一曰慈，二曰儉，三曰不敢為天下先（不捨其後而為先）。

第四句，為萬世開太平。

對於一個團隊來說，就是要從振興我們自己開始。培養生生不息的人才，永遠都是十分重要的，會教育後輩，會分享智慧和大愛，對於一個管理者也尤為重要。

在一個團隊中，經常被我們忽略的，往往正是這句：為萬世開太平。

一個團隊如何才能夠長久太平？一定是管理者不斷地教練團隊成員，充分地分享。

透過張載的幾句至理名言，我們窺見了文化不變的傳承，也看到了祖先對我們的殷切希望，身為他們的後人和傳承人，我們有責任有義務，領會他們的智慧，傳承他們的美德。

為天地立心，為生民立命，為往聖繼絕學，為萬世開太平。這些如果能夠被我們理解成每個人的初心使命，我相信我們就會漸漸修養成為一個德配其位的管理者。

向最高處立心，就算這一生我們只做到了七分，也算不辜負我們的初心和使命。

人生不只有眼前的苟且，更應該有為他人而奮鬥的理想生活。

逆水修身，順水修心

　　每一天，每一個管理者都面對著陰晴變化，順心的或不順心的事，不斷發生在我們身邊。

　　管理者就像划著一條小船，在逆水的激流中加速修行管理能力，順水推舟時則修養了自己的心情。

　　逆境修身，順境修心，應該是管理者面對順境逆境時最好的應對策略。

　　如何在逆境中更好地修身呢？

　　想要在逆境中迅速增強本領，首先要有的認知是，所有的逆境都可能成就我們更強的能力。逆境就是陰霾，逆境就是痛苦，逆境就是看不見希望，逆境就是無助、悲哀，在逆境狀態中，唯有對自己和團隊深信不疑，唯有對明天擁有執著的自信，才能以最快的速度走出心態的極端失落。無法帶領團隊走出陰霾的心態，就很難修練到團隊的應變能力。

　　逆境能夠成就成長，這在於管理者如何引領。

　　逆境中的樂觀精神尤其重要，因為逆境就是陰霾，和

諧陰霾需要更多的陽光。

逆境中最好去修練打硬仗的本領，順境中正是安靜修心的好時光。

順境就是平安無大事的時候，這樣的日子是平常的，甚至很多人認為順境是有些無聊的。在順境之中，順風順水的小船劃起來輕鬆自在，此時應該動員團隊，去學習、進步。

順境不學習，逆境抱佛腳，往往就會措手不及。

在團隊的生存與發展中，除了逆境大致就是順境，掌握逆境修身、順境修心之道，就掌控握了所有的時間。不讓時光虛度，讓我們團隊有正確的事做，是團結所有人最有效的方式。

順境中鞏固團隊道德修養，順境中深化術業專攻，順境中共繪更大的理想，順境中共同走向廣闊的征程。

如果逆境來臨，只要順境中修心做得好，逆境中就更有力量去化危為機，化陰霾為陽光，化失落為希望。

人生更是如此，每一天的陰晴變化都是修行，每一點的風吹草動都是機緣，都是走向更好的機緣，都是提升能力的機緣，也都是快樂幸福的機緣。

健康之道

　　很多人不懂得，想擁有美好的人生，需要我們修練的竟然是，最簡單的健康之道。這樣帶來的後果便是，只懂得一些身體健康的知識，而不懂得精神健康的大道；只懂得家庭健康的方式，而不懂得團隊健康的法則。其造成的後果就是，精神的不健康影響了身體，團隊的不健康影響了生活。今天我們就來認知一下古人眼中的健康本義，和聖賢心中的健康大道。在這個追求大健康的時代，如何修行大健康，就是今天的主要話題。

　　什麼是健康？

　　健，就是不斷建設的理念和能力。康，就是不斷取其精華、去其糟粕的理念和能力。古代聖賢對健康理念的認知，正如孔子在《易經‧象傳》裡寫的：「天行健，君子以自強不息。」這是孔子對「健」的理解；「地勢坤，君子以厚德載物。」這是孔子對「康」的理念。所以在孔子的乾坤觀裡，天行健代表不斷創新發展，地勢坤代表不斷和諧修正。也正如老子提出的：「合抱之木，生於毫末；九層之臺，起於累土；千里之行，始於足下。」意思是人生要不斷一點

點地規劃建設，一步步有目標地行走，一點點有理想地生長。而老子的守正思想正是他對「康」的核心理念最好的表達，叫以正治國，以奇用兵。

健康可以分成四個層面去理解 —— 個人健康（身體健康，精神健康）、家庭健康、團隊健康、社會健康。

這四個層面的和諧健康是我們每個人美好生活的基礎，失去了任何一個層面的健康，我們的美好生活都將面臨嚴重挑戰。所以維護和修正這四個層面的健康，就是人生的修練之路。

我們該如何用簡單的理念，全面地修行四個層面的整體健康呢？

答案在古老的《道德經》裡。

第一要認知的是「三去」：去甚、去奢、去泰。

比如，過度飲食會不健康，這是過甚；過度管理會不健康，這也叫過甚。過度追求速度和優秀，叫過奢。過度追求安逸，叫過泰。

甚、奢、泰，三種狀態都不可以長久停留，要學會這「三去」，以避免極端狀態破壞整體健康。

能夠在個人、家庭、團隊、社會這四個層面維持整體健康的人，就是德配其位的管理者。

幸福法則

幸福是不是固定的東西？

是不是達到了很多幸福的目標，就可以永遠幸福了呢？

幸福不是固定的狀態，而應該是由不幸福來覺知幸福，由不快樂去體會快樂，兩者是相反相成的。

老子說：「天下皆知美之為美，斯惡已，皆知善之為善，斯不善已。故有無相生，難易相成，長短相形，高下相傾，音聲相和，前後相隨。是以聖人處無為之事，行不言之教，萬物作焉而不辭，生而不有，為而不恃，功成而弗居。夫唯弗居，是以不去。」

以上是老子在《道德經》第二章中，透過為我們闡述相反相成，告訴我們，解決問題的捷徑，都在於相反相成。

故幸福的達成，需要在非幸福中修練。

修練在日常中發現美好、發現真善美的能力，這是更幸福生活的真正源泉。

孩子為什麼在蜜罐裡長大反而覺得不幸福？因為沒有

體驗過相反的不幸福，就不珍惜平常生活。

一切美好的體驗，都是相反相成。

洪應明在《菜根譚》裡說：「靜中靜非真靜，動處靜得來，才是性天之真境；樂處樂非真樂，苦中樂得來，才是心體之真機。」這也是相反相成的應用。他又說：「欲做精金美玉的人品，定從烈火中鍛來；思立掀天揭地的事功，須向薄冰上履過。」也是在講相反相成的真理觀。

所以古人由此得出儉的人生意義，即諸葛亮留給後人的話：「靜以修身，儉以養德。」在靜的不變之中更能知道變化，叫靜以修身；在儉中更能品味生活幸福，在少中能得來更多美好，叫儉以養德。

說到這裡，幸福的法則是什麼呢？

幸福等於認同不幸福的價值，能夠欣賞不幸福，從而以苦中也能品味出幸福，再去創新開拓，使更多的不幸福轉化為幸福。

最後總結一下，幸福就是不斷轉化不幸福為幸福的體驗，這樣的能力叫做幸福能力，這樣的懂得，叫做知道幸福。

身為一個管理者，如果自己都不懂得幸福之道，又如

何帶領整個團隊走向幸福的人生呢？把這樣的幸福法則傳遞給更多人，也是功德無量的事。

　　管理者應該是老師，老師想要帶好學生，自己就要先學會，學會幸福就是不斷轉化不幸福為幸福，擁有這樣的能力之後，做什麼事都可以樂觀、積極地面對。

無中生有

《道德經》有言：「有之以為利，無之以為用。」

建造一個房屋，看得見摸得著的部分叫做有，看不見摸不到的空間叫做無，有是被利用的一方，無是利用有的一方。就好比陽是被陰使用的有，陰是使用陽的無。

無中生有，這四個字揭示了萬物萬事的奧祕。

古人說：「勞心者治人，勞力者治於人。」意思是善於用心的人管理善於用身體的人。為什麼是這樣的呢？因為無使用天下的有，天下的有是天下的無呈現的形式。

沒有人能直接用眼睛看見規律，人能看見的都是有，包括有限的形象、有限的聲音等等。

一個團隊真正重要的是什麼？從具體瞬間上看，最重要的似乎是有形的資本，似乎是有形的市場，但從整體長久上看，最重要的卻是無形的道德、無形的文化、無形的能力、無形的內在發心。

所以企業想要長久生存與發展，最重要的一定是團隊成員的認知，一定是團隊成員的志向。只有這個無形的基

礎打好了，才能在這個無形的基礎上，去更好地使用所有有形的資源。

　　人的心靈看不見摸不到，可以稱其為無；人的肉體有影有形，可以稱之為有。每個人的身體行動，都是被心靈使用的工具，這就是無中生有的道理。無中可以變化出無數的有，叫做無中生有。

　　懂得了無中生有，就懂得了管理學的最高境界，在於管理者能否透過有形看到無形的能力，在於管理者能否透過表象看到無形的規律。

　　一個人說他渴望成功，按照無中生有規律，其實他渴望的是成功帶來的無限享受。

　　人最愛的其實不是某個具體的有，而是無數的有，人最愛的是無中生妙有，無中生萬有。

　　什麼是無中生妙有呢？人對藝術的喜愛，對靈感的追求，對愛情的嚮往，都屬於喜歡無中生妙有範疇。

　　而人對事業的追求，對成功的追求，對富有的追求，對更多更高更強的追求，都是對無中生萬有的追求。

　　能夠抓住形而上的無，就抓住了生有的根本。對於人而言，那個無，就是能力。

　　達成幸福是種能力，君子愛財取之有道是種能力，善貸且成是種能力，實現快樂是種能力，管理是種能力。這個能力無影無形，透過它卻可以掌控一切形態，從而實現自己所要的。

　　看清了人具備「無」那個能力，就是看清了他的特徵，那個能力叫做三，叫做負陰抱陽沖氣以為和，無就是萬事萬物都具有的陰陽相生的能力。人與人之所以有所差別，就是因為那個三（和諧陰陽能力）的差別。

　　修練三的能力，就是提升靈魂修養的根本能力。

　　管理者的智慧提升，其實就是提升那個無（三）的能力。

　　懂得了無中生有，就明白了掌握所有事物的根本，了解它的和諧能力，掌握和利用它的和諧能力。

　　無中生萬有，叫三生萬物。

有無相生

我們使用任何東西，都是透過有無相生來完成的。

比如使用眼睛看顏色，眼睛是有，外面的顏色是有，眼睛與顏色完美的配合能力叫做無。這就是形而上與形而下的結合。

我們之所以覺得世界無趣，是因為我們只看到了世界的有，看不到有背後那個使用有的無。

透過有深入到對無的認識，我們叫做發現規律。

無就是那個奧妙無窮的道，萬物變化都是因為那個看不見摸不到的道在使用、在運作。

能夠覺知到無的能力，叫見道。比如，我們讀一首詩：「日照香爐生紫煙，遙看瀑布掛前川。飛流直下三千尺，疑是銀河落九天。」

文字直接呈現的感覺叫做有，李白的掌控陰陽的能力叫做無。如果我們想學習李白寫詩，就一定要透過文字的有，去體會他的那個核心操作能力，即他是如何掌控陰陽變化的。

看一個人要看他的無，才能知道如何跟他打交道更和諧。看一件事要看它的無，才知道這件事來自何方，會造成什麼影響。

看一個團隊要透過看得見摸得著的有，發現它看不見摸不到的無，那個無就是團隊的氣質，那個無就是團隊目前的內在能力狀態。

如果管理者無法透過有形的世界，去見到無形的運轉規律，就很難掌控與應對變化莫測的一切。

在日常生活中，一定要勤加修練，修練從有中見無的本領，那個無是有的根本，那個無是變化的原因。

有是陽性的，無是陰性的；有是顯性的，無是隱性的。能夠透過陽性明顯的，見到陰性隱藏的，叫做知二，能夠掌控好二的執行，叫做修三。

對大道最簡單的理解，就是把道分成一二三來理解。

老子說：「道生一，一生二，二生三，三生萬物。」就是用一二三去理解大道。一是天下的所有那個整體，也指陰陽的整體；二是陰陽兩個方面；三是執行陰陽的看不見摸不到的能力。三生萬物指的是，萬物的形成，都是因為那個能力的運用。

　　和一個人相處，相處的對象除了對方有形的部分，更是和他無形的能力在相處。

　　有人管這個三的能力叫個性，有人管它叫性格，有人管它叫天賦，有人管它叫靈魂。

　　了解到三，才算真正了解到一個人穩定的能力。

　　管理者如果能夠透過人的眼神、舉止、言語或聲音，覺知到那個能力的格局或邊界，就擁有了識人用人的本領。

　　管理者如果能夠在所有事件中，找到事件背後的三的操作方法，就擁有了識事用事的本領。

　　這兩個本領擁有了，世間還有什麼是難以掌控的呢？

第六章　管理思維

中西合璧

　　傳統文化擅長於整體長久的掌控，西方當代文明擅長於具體瞬間的應用。擅長於整體長久的掌控稱為擅長陰柔，擅長瞬間具體的精準實現稱為擅長陽剛。

　　中西文化本身存在的對立統一，正是陽陰二氣的相反相成。

　　中醫擅長整體長久辨證施治，西醫擅長具體瞬間定位診療。東方國學講的是感悟，西方學問講的是邏輯。

　　東方的感悟講的是掌握矛盾的兩個方面，西方的邏輯講的是不能出現矛盾。

　　身為一名管理者，一定要內用東方智慧，外用西方方法方式，這樣才能通達於整體、具體，掌握瞬間、長久。

　　每個管理者都不得不知的是，只有中西合璧才是必經之路，只有善用陰陽兩極，才能成就更好的未來。

　　世間的存在，沒有哪兩者是絕對對立的，中西文明注定融合，科學與人生智慧充分互補。

　　如今我們可以從文化偏愛上分成三派，一派是推崇國

學的，一派是推崇西學的，還有一派是推崇中西合璧的。

很多推崇國學的會排斥推崇西學的，他們往往只看到了對立，看不到統一。

通常推崇國學智慧的人，對西方的方法不屑一顧；推崇西學的人，又對國學不以為然。

如果僅僅看到中西文化的巨大不同，卻看不到中西文化的陰陽互補，便很難和諧相處。

中西合璧是正確的結合，就像男女結合一樣，求同存異是最好的路。

所以學習大道，恰逢其時。用整體觀掌握具體，用長久觀掌握瞬間，用一陰一陽謂之道的理念，去理解與運用天下所有的文化。

陰陽必將融合，中西合璧中為本西為用，是掌握所有文化整體的指導思想。

為人做事三和諧

管理之道也就是和諧之道，修練和諧能力，是修練一個人的根本能力。下面介紹一下和諧之道的三個修練。

第一個，是心態的和諧。

心態的和諧掌控，關鍵在於知陽守陰。就是說，只要內心的感覺極端不自在，比如感覺極端陰霾，感覺極端興奮，感覺極端紛亂，或感覺極端忙碌等等，都要用相反之道來和諧極端感覺。「不畏浮雲遮望眼，只緣身在最高層。」這兩句詩，便是心態和諧修練的經典案例 —— 當感覺眼前迷茫的時候，要用跳出眼前的高瞻遠矚來和諧極端迷茫。

這樣的掌控方式，便是心態和諧修練的根本掌控方式。知陽守陰，用陽來和諧陰的極端，用陰來和諧陽的極端。

第二，溝通的和諧修練。

會指正一個人的基礎，是會肯定一個人，這就是正確的溝通態勢。將欲取之，必固予之。與人溝通，肯定對方

是整體。想指正對方，應該是在兩個人關係充分和諧之時，這時才能指正對方的不足，不然就可能無功而成錯。指出對方不足的同時，也要指出自己在這方面犯過的過失，這樣才更能夠和諧整體。我們每一次指正他人，都是與他人共同修正的過程，這叫言傳身教，而不是高高在上，頤指氣使。

在不破壞和諧溝通的氣氛的前提下，去指正過失，去引領對方，是管理者修練和諧溝通的總原則。

溝通是為了雙方達成共識，一個巴掌拍不響，好的溝通是和諧發展，不能一直強調對方不正確，說對方的錯誤，最好先講出自己犯過的類似的錯誤，然後說一下自己是怎麼修正的，這樣做別人更容易接受。只有能夠做到這樣的管理者，才是真正懂得和諧之道的管理者。

否則雖然指正了下屬，卻留下了痛苦的隱患。

第三，修練達成目標的和諧。

在團隊發展過程中，尤其是在目標大、任務重的奔跑階段，很多管理者最容易因急而生錯。

無論何時何地，和諧和平地處理問題，都是第一重要的修養，而發怒發脾氣是不得已而為之。可以發怒，除非萬不得已；可以用悲觀情緒讓團隊置之死地而後生，但只

能是萬不得已的情況。在大多數工作中，心平氣和地處理和解決問題，是管理者修為與修養的展現。

對和諧狀態的掌控，就如同一個國家掌控和平的能力，穩定的和諧發展，才是管理者追求的最好狀態。

在心態、溝通和達成目標三個層面，如果都能做到與自己和諧相處，與他人和諧相處，與事件和諧相處，我們便已經擁有了突出的和諧能力，而和諧能力的提高，是靈魂智慧的提升。

管理工作，是世界上最需要智慧的工作，管理工作也是世界上最需要和諧能力的工作。

創業五取法

　　每個管理者每天都在創業的路上，五取法不可不知。

　　影響人成功的五大要素：一人、二地、三天、四道、五自然。

　　老子說，人法地，地法天，天法道，道法自然。

　　我們通常講創業，都是主要圍繞著出奇致勝，展開思維。

　　正是正道，正是道德，而《道德經》是第一部提出道德核心概念的經典，想要真正了解道的本質、德的價值，就要從《道德經》中吸取智慧。

　　正道，就是人生的美好之道、社會的美好之道，也是創業者應該了解的美好之道。而一個人來到世界上，一定是先從周圍的事物開始了解，這就是人法地，地法天，天法道，道法自然。而對於一個創業者，要了解創業家這類人應該具有的基本素養，要了解如何在你所處的地緣裡修行自己的能力，要了解如何建立整體觀，要了解什麼是不變的成功之道，然後又要能夠自然而然地達到成功，這才

163

是創業者要走過的必經之路。

第一，認識人，就是要認識你自己。

知人者智，自知者明。要清楚地意識到自己的特殊性、自己的擅長領域，然後在自己擅長或熱愛的領域，去修練自己的能力，這是創業者首先要做到的，叫做自知之明。很多創業者都是失敗於不能準確認知自己的特殊性，就是說，他可能會覺得自己很有能力，但在社會結構中，自己的能力卻是一般水準，那就很難做到出類拔萃。

我們要了解一下，什麼是創業者最應該具備的能力優勢

一、要有以不變應萬變的掌控能力；

二、要有不斷學習和發現的創造能力；

三、要有準確的識人用人能力；

四、要有良好的人品。

這幾種能力如果基本具備，才能去謀劃創業，才能有成功的可能。而修練這幾種能力，首先要培養自己正確的三觀，要去學習人間正道，要去識人識己，要不斷地訓練自己和他人的共贏能力。

這些做好了，你才能踏上創業的旅程，才能避免一些

輕易的失敗。

第二，對地的認知。

任何人去做事，第一要面對的都是自己，第二要面對是具體的地方、具體的平臺。對市場的了解、對平臺的了解程度，決定了你的瞬間成敗。很多人，有很好的點子和靈感，但如果他自己沒有修練好個人能力，對行業的了解不夠徹底，同樣會因為具體操作而折戟沉沙。

了解你所處的平臺或市場，第一要務，是要深入學習與探索，這通常需要長期的過程，而不是拿過來就能上馬。了解了市場，也了解了自己，接著就是要利用自己的資源和智慧，去尋找這個市場最需要你服務的地方，抓準了這個點，你就做到了成功的第二步，你就完成了立業。

第三，對天的認識。

除了對你所要開拓行業的認知，還要了解社會整體的變化走向。如果一個行業沒有好的未來，就算短期做得不錯，也不會有大的發展。對天的理解，還包括對世界形勢的理解和判斷。了解了行業的未來，也不能就覺得萬事大吉了，那高興得太早了，因為還有更重要的大道可能沒有掌握。

第四，認識美好之道、成功之道。

　　我們太多創業者，都可以在創業初期小獲成功，甚至收穫人生第一桶金，但很快就被市場淘汰，這是因為大道的規律在篩選，只要不懂得美好之道、成功之道，都是不道，不道早已。

　　而美好之道就是成功之道，它的核心理念，是善貸且成，是損有餘而補不足。也就是說，我們要不斷地善待更多人，為更多人提供更好的服務，只有這樣才能一直成就自己的事業，成就自己的發現。所以我們要不斷地學習如何讓自己更會善待別人，更會愛到別人，這就要了解人性的需要，了解人的熱愛，然後才能滿足別人、成就自己。

　　這就要求我們創業者，結合自己的特長，結合自己所處的行業，不斷地優化自己的服務，不斷更新團隊的凝聚力和服務品質，這樣才能順應美好之道，成就更大的事業。人生的修行如逆水行舟，不進則退。我們要堅定這樣的理念 —— 只要我們不在進步之中，我們就已經退步了。

　　最後要懂得的是道法自然。

　　道法自然，以上的認知和修行，想要能夠持久做到，有一個最好的狀態，就是自然狀態。我們都知道，如果我們做一個事業，每天都有無數煩惱，肯定會感覺疲憊、反感，反感到一定程度，就算再好的事業，也可能做不下

去。只有自然而然地走,才能走得最遠。

這五取法,包括了創業所遇見的所有方面。人生在世,誰都在這五者影響之中。

深入對人、地、天、道、自然的理解,能讓管理者更通達世界與人生。

大道至簡

世間只有一個正確的道理。從最簡單的現象看,地上有一個坑,下雨後裡面盈滿了水,叫做窪則盈。從人類的兩性構成上來看,一男一女謂之陰陽相生,這個陰陽相生,其實也是窪則盈:男人對於女人,男人有所需求,而女人能滿足男人的需求;同樣,女人有所需,透過男人也能得到滿足。

萬物萬事的存在及執行變化,也都是按照這個至簡的道理在執行,所以老子說大道至簡。

我們理解這個至簡的大道,第一步容易,因為它只是一句話或者一種理念,最難的在於要在萬千變化之中,抱持這個正確的觀察方式,看準變化中的這個道理,按照這個道理去做所有的事。

老子說:「我言甚易知,我言甚易行,天下莫能知,天下莫能行。」指的就是,這個道理雖至簡,但能夠抱著這個道理去修行,卻是最難的。

如何做到以不變應萬變?首先要深信這個道理的正確,這樣才能漸漸做到以不變應萬變。

　　人生如何不惑？在所有事情中，都能夠看得清、把握得好，才能無惑。

　　管理者如何做好管理？抱一而為天下式，才能在做人做事上知道正確的方向。

　　抱一，知陰陽，修練負陰抱陽沖氣以為和，就是正確的管理之道。

　　這裡最難的在於如何應用這個一。比如，一個員工做事總是不認真，哪裡是他不認真的根本原因呢？

　　根據大道至簡原則，認真如果是內心較盈滿的表現，那麼不認真就是內心缺失的表現，他缺少什麼才導致他不能滿足地投入做事呢？

　　答案是缺少對做這件事的熱愛，缺少對做這件事的樂趣，缺少做這件事的使命感和責任心，缺少做這件事的認同感。以上這些所有缺少，都是缺少愛，缺少對這件事的愛。

　　解決這個員工的問題，核心在於管理者能不能讓員工愛上做事。這是個大問題，幾乎所有的團隊都存在這個問題。

　　從根本上解決這個問題，自古只有一條路，就是抱一

的教育，知二的教育，還有修三的能力提升。

抱一的教育，就是要不斷貫徹團隊的一體觀，讓員工充分意識到我們是一個彼此相依為命的共同體，做好了這個教育，員工就會更有使命感。

然後是知二的教育，知二就是要讓員工懂得，職位與職位之間是互補配合的，就像手腳的配合，就像眼睛耳朵的配合，配合的過程叫做陰陽互補。一個環節做不好，就會影響全部。知二的教育做好了，每個人就會更有責任心，知道自己手頭工作的重要性 —— 不只是一個人的薪水那麼簡單，而是關係到整體的生存與發展。

如果還能引導員工，養成修練和諧相處之道的習慣，做事不認真的人就會越來越少，當整體都能積極向上地做事，那些懶惰的人也會被帶動得沒那麼懶惰。

這就是解決問題的根本，也就是從大道至簡入手，不然是很難抓住問題的關鍵的。

禍莫大於輕敵

老子說：「禍莫大於輕敵，輕敵幾喪吾寶。」

對「輕敵」二字有很多種解讀，我覺得「輕敵」二字，意思就是輕易地樹立敵人。

當一個人輕易地把另一個人當成敵人的時候，就已經喪失了和諧解決問題的可能。

人與人相處，人與事物相處，不到萬不得已，千萬不能隨便輕易把對方當成敵人。

最有利於彼此兩方的解決之道，不是一方消滅一方，而是和諧共贏。

古人連打獵捕魚都講究不竭澤而漁，不焚林而獵。吃魚可以，不能絕根；打獵可以，要為牠們留後代。

這個世界上，我們沒有永遠的敵人，陰陽二力永遠在對抗之中實現著整體和諧，有正義的一方，就有不正義的一方。

身為管理者，我們要做正義的一方，要替天行正道，要做古往今來的正人君子，但就算面對小人，也要在內心

不把他當敵人看待，該管教管教他，該懲罰懲罰他，卻不是因為恨他。

為了惡人好，才去懲戒他，而不應該是出於恨才懲戒他。

一個得道之人，對人對事，是能夠做到常懷大愛之心的。仁者無敵，不能輕易樹立敵人。

輕易樹立敵人，首先傷害的是自己的心。一個人內心有恨，其實是對自己的懲罰。

管理者如果內心始終光明，他的所作所為就不會有太多的陰謀。就算我們要殺一儆百，也是因為善意，也不應該是公報私仇。

一直對所有的一切心存大愛，是我們修行中人一生去踐行的標準。這個標準如果一時沒達到，就要一時修，一生沒達到，就要一生修。

什麼是錯誤的開始？當我們離開了愛去解決問題的時候，往往錯誤已經開始了。

老子說：「見素抱樸。」

什麼是見素？見素是指判斷一件事的根據，不能帶有感情色彩和個人好惡；什麼是抱樸？抱樸是指做一件事一

定要帶著對生命的關愛。

見素抱樸就是對人認知事理到具體行動的整體指導，即看事的時候拋開個人偏愛，做事的時候帶著大愛的關懷。

離開了大愛去做事，等於離開了心靈去追求物質，都是緣木求魚、得不償失的。

禍莫大於輕敵，只有心中沒有敵人的管理者，才最懂得敵人是什麼。

真正的敵人，是我們成就路上不可或缺的力量。大道相反相成，敵人是相反的力量，沒有他，又如何有大成呢？

難易相成

老子有言：「有無相生，難易相成。」

什麼是難易相成？懂得了難易相成有什麼用？

比如，有人得了憂鬱症，這個病很難醫治，這就是難，解決這個難該從何處入手呢？答案是，從易處入手。

首先是從最容易做到的道上入手，你給出個解決方案，如果患者長時間做不到，是因為你給的方案太難以施行，第一步就錯了。

從易處入手，更是解決難題的思路，一定從至簡的大道出發，不能把問題想得太複雜，掌握了這兩個易的方面，再來看憂鬱症這個難題。

根據大道至簡原則，憂鬱症就是窪卻不能充分盈滿所導致的失落。解決這個問題，首先要把他想要的過度去掉，要讓他遠離求不可得，只要他想要的目標一個個能實現，他就充分地執行在窪則盈的規律之中，只要調整道自然執行與窪則盈的尺度，他的病就好了。

當然，要從易處做起，不能求速度過快，不能目標太

高，每天改善一點點，日積月累，就可能走出憂鬱。

這就是必然的解決方案，能不能做到，取決於引導他的人的引導能力，也取決於患者自身的接受能力和執行意願度。

管理者解決任何問題，都要用難易相成的方法去理解，去尋找解決問題最容易的根據。執行要容易，原理要至簡，這兩個方面必須同時考量到，才可能解決天下任何難題。

是至簡的大道，執行出了看起來無比複雜的世界。

抓不住至簡的道理，就無法保證解決問題的方向正確。

比如很多人每天無精打采，提不起奮鬥的激情，也是因為他的需要（窪）不夠深，所以他奔向盈滿的動力就不夠。想要調動這樣的人積極向上，就要找到他的最愛，指一個他喜愛的奮鬥目標給他，只要把他要的盈滿指出來，並且告訴他如何實現，就可能調動他的積極性。人只願意為了自己非常熱愛的前途奮鬥。

天下的所謂難題，如果人類是可以解決的，那一定是從最容易的地方突破，然後從最容易執行的步驟中，一步步去解決的。

　　擁有了對難易相成的理解，人就會活得越來越輕鬆，因為從此以後，可能天下的難題，隨著我們的修行，會越來越少，越來越容易解決。而那些我們當前注定解決不了的，我們也不會做無謂的掙扎。

　　大道至簡，難易相成。想做成任何大事業，都要從最容易的地方入手，從最容易達成的路徑走過去，才是我們最好的選擇。

高下相傾

《道德經》第六十六章：

「江海所以能為百谷王者，以其善下之，故能為百谷王。是以欲上民，必以言下之；欲先民，必以身後之。」

是以聖人處上而民不重，處前而民不害。

這一章內容是老子教給管理者的高下相傾的智慧。

山頂有多高，是因為山頂下面所有泥石的支撐。大海有多寬廣，是因為眾多的溪流江河奔流到海。管理者如果不懂這個道理，就是絕對的無知。

一個人的優秀，是因為很多人的不優秀對比，是那些不優秀的人支撐了你的高度。我們之所以能成為管理者，是因為那些默默無聞的同事，支撐著我們的管理。

善下才能善上，這是典型的相反相成之道。

管理者要善下，善於放下姿態，善於俯首甘為孺子牛，善於把好處讓給他人，善於主動承擔大任，善於解決最難解決的問題。

能受國之垢，是為社稷主。能承受他人所不能承受之

苦，就可以擔當重任。

管理者這個職業，是需要智慧能力最高的職業，因為作為個體對比，管理者有著如首腦般的重要地位。

高下相傾，就像人的顯意識和潛意識的關係，管理者處於顯著地位，就相當於人的顯意識，顯意識呈現陽性，負責指揮人的所有行為。但我們要清楚，沒有潛意識的存在，顯意識是根本沒有立足之地的，人的心跳、血流及各個器官的節律控制，都來自潛意識的執行。

顯著的管理者是陽，不顯著的被管理者是陰。管理者只有深入地為下面的人著想，守住了下面的人心，才能做好領導者的工作。

當管理者以為自己不同凡響、高高在上的時候，就已經偏離了正道，已經誤入歧途了。

俯首甘為孺子牛，是善下之道。

管理者在日常工作中，不能失去善下之德，只有善下才能成其大。像江海為什麼能夠成其大的盈滿呢？因為善下則天下聚，居高而舍下則身必亡。

管理者要追求善下而成其上，善下而成其大。不能處處想占便宜，不能時時想顯耀自己，會把好處讓給下面的

人，下面的人才願意跟隨你上刀山下火海。

　　道理雖簡單，做到才算有德。紙上得來終覺淺，絕知此事要躬行。當我們認清了一個道理的正確，接下來就是去實踐。不能貫徹執行正確的道理，就等於與美好一次次失之交臂。

學習之道

人類所有的學習，都圍繞著三個層面展開。

第一層面，是向大自然學習，我們管它叫向生態系統學習，這個層面最直接的學以致用方式是，用感悟直接通達應用。比如窪則盈，就是老子看見水坑和水之間的陰陽關係，進而推廣到所有層面去應用的案例。

第二層面，是向人類文化文明學習，這個層面學習的是人類已經總結出來的，更好的各種做事方式，和更好的各種享受方式。更好的做事方式，叫達事理；更好的享受方式，叫通人情。

第三個層面，是向真理學習，這是人類最高階的學習方式，叫做直接學習真理的理解和應用。當然，想學習真理，首先要發現真理。

每個人成年後，基本上都學習了很多知識，比如科學知識和歷史知識等等，但我們很少有人接觸過真理的知識。

這本《管理之道》，就是直接向古聖先賢取法，並將其

應用於管理學這個門類，力求把古往今來的真理傳遞給更多的管理者。

沒有充分地取法大自然，我們就很難有經驗應對風雲雪雨和衣食住行所產生的問題；沒有充分地學習人類文明文化，我們可能連與人溝通都成大問題。但僅僅學了以上兩個層次，還不足以讓我們當好一個管理者。

管理者是應該深謀遠慮的，管理者是負責全域性生存與發展的，管理者的智慧應該是可以正確指導團隊全程的，這就需要管理者擁有可以確保大方向不錯的判斷，和解決問題的正確能力。

正因為如此，管理者才要在根本能力上不斷更新。

除了像平常人一樣要學前兩個方面，還要著重修行對真理的認知和實踐。

《易經》的核心精義只有一句話：一陰一陽謂之道。老子的《道德經》只講了一個道理：一陰一陽謂之道。儒家的經典只圍繞著一個道理展開：和諧社會，和諧相處，和諧運轉。

達到和諧狀態，是真理的指引，是民族生生不息的內在根據。與人和諧才能與己和諧，與人為善才能與己為善。給人更多美好，自己才能更幸福。這就是和諧的真

理觀。

　　學習是為了更和諧地生活在世間，學習是為了更自在地服務他人並服務自己。學習不是為了賣弄自己的知識，學習更不是為了在比較中勝過別人。學習不是為了占別人的便宜，學習只應該是為了和諧發展，人人共贏。

　　管理者要秉持正確的學習理念，在玩中要學，在生活中要學，在工作中還要學。從看有字人書，到學會讀無字天書（萬事萬物）的過程中，我們會發現，學習本身是最美妙的事，學習使人進步，學習真理的味道特別甜。

第七章　管理的核心精髓

大成道法

　　什麼是大成道法？大成道法不是舞刀弄槍，不是舞文弄墨，是一花可見一世界，一葉可證一菩提。

　　大成道法，是在任何事物裡，都可以無限深入學以致用，只要人有所需，就能在任何事物裡，取太上之法，為人所用。

　　比如，團隊成員提出發展遇阻這個問題，我們身為管理者，想尋找解決這個問題的靈感，那麼根據萬事萬物本身都可以學以致用的原則，直接取法他的問題本身，也許就能得出解決問題的方法。

　　他提出的問題是：「發展遇阻怎麼辦？」

　　什麼是發展？發展的必然規律是曲折發展，曲折發展過程就一定遇阻，所以遇阻是必然的，問題在於這個阻礙是長久阻礙還是瞬間阻礙，這個阻礙是具體阻礙還是整體阻礙。

　　如果是具體瞬間的小阻礙，就秉持殺雞不必用牛刀原則，不可興師動眾；如果是整體長久阻礙，就一定不能掉以輕心，要上報最高主管，哪怕動用大量人力物力，也要共體時艱、共度難關。

　　這種針對問題本身尋找解決之道的方式，叫做不錯過問題根本，它可以保證出發的方向是正確的，不至於南轅北轍或緣木求魚。

　　有了就問題本身確定解決問題方向的能力後，就可以隨意取法任何事物了，比如在觀察這個問題的時候，我們看到窗臺上有一盆花，這盆花的生長發展，如果遇見阻礙，它是怎麼化解的呢？比如乾旱的時候，我們發現只要乾旱時節，它不能直接呼風喚雨，就會收緊消耗，用最小的投入儲存最多的營養，以度過眼前的難關。如果到了冬天，面對漫長的寒冷，它通常會減少開枝，落盡樹葉，只保住生存基礎，用以度過漫長的冬季。這是花朵的防禦之道。與此同時，這株植物卻也時刻不忘發展，它的根不停地伸向遠方，根系會越來越多，以謀求更多的營養，這是它永不言棄的發展精神。

　　這陰陽兩取法，如果取法得好，不但能夠為管理者自己帶來解決問題的靈感，還能引領更多人共同感悟、學以致用。

　　大成道法，是解讀萬事萬物的智慧，是向一切隨時學以致用的學問。用好了大成道法，就算我們一年不讀一本書，卻是天天在讀一本最好的書 —— 無字天書。

懷抱天下

越是會學，就越是會用，越是會學，就越是懂得欣賞一切。當你覺得一切都可學可用的時候，世界就會變得無比精彩。當你發現了無比奇妙、精彩的一切時，你自然會懷抱天下。

一個孩子，為什麼他每天特別愛到處探索？一個老人，為什麼他通常沒有活力？

根本原因在於，對於孩子而言，世界是嶄新的存在，而對於老人而言，世界上的現象已經見慣不驚了。

對於我們修行大道之人，世界永遠都是探索不完的，世界永遠都藏著無窮奧祕，就等著我們去學以致用。

當一個孩子慢慢長大，這個世界的表象對於他而言，就會越來越見慣不驚，所以今天就出現越來越多的佛系青年，也出現了很多覺得世界很無聊的人。

這些人之所以覺得世事無聊，就是因為他們沒有學會感悟，沒有學會靜觀其陰陽變化，沒有學會在萬事萬物中取法用法。

懷抱天下才能行遍四海、到處花開，學會感悟一切，才能到處一花見一世界，一葉證得一智慧。

十分悲哀的一件事是，很多人有錢有閒，就是得不到充分的幸福快樂。

人生於天下，住在天下，行於天下，幸福快樂在天下。

無論你想要美好的愛情，還是美好的事業，都不能不與天下事物和人相處。所以能夠探索萬事萬物，並能夠與其和諧相處、學以致用，就是第一重要的事業。

《易經》是了解天下的學問；《道德經》是解釋天下一切的學問；《論語》是教我們和諧相處的學問。

古老的國學智慧，就是以兼濟天下為終極追求的智慧。

身為管理者，如果沒有懷抱天下人與事的情懷，就不可能和諧所遇，就不可能通達所有。

就算我們的大我大愛修行總是在路上，可只有這一個方向，是最正確的人生方向。

幾千年的祖先教誨，無數先烈的捨生忘死，都是為了讓我們和諧、美好、自在地活在人間。

　　管理者身擔傳道授業解惑之責，要有為天地立心的高度，要有為生民立命的決心，要有為往聖繼絕學的使命，要有為萬世開太平的抱負。什麼是最大的抱負？負陰抱陽，讓天下以為和。

萬法歸一

　　眾說紛紜的世界，太多管理者找不到掌握一切的道理。知識碎片化的時代，真理漸漸蒙塵。

　　當我們把這個世界分割著理解的時候，雖然我們得到了無數的知識和具體的經驗，但漸漸我們就會發現，很多知識是不通達的，很多經驗是經不起變化考驗的。

　　一陰一陽謂之道，是傳道授業解惑的根本認知，是掌握天下知識經驗的根本標準，是指導團隊發展進步的基本法則。

　　萬法歸一，這個一就是道。無論我們見到何種方式方法，都要用大道來衡量它是否正確，衡量它是否極端，衡量它是否有利於整體長久。

　　萬法歸一，才能不破壞人與人的和諧；萬法歸一，才能不破壞人與事的和諧；萬法歸一，才能不破壞認知與行為的自在；萬法歸一，才能不破壞人與大自然的和諧相處。

　　人生一世，身為團隊的領袖，如果連我們自己都不知真理為何物，又用什麼帶領大家走向美好的未來？

　　抱一，識二，修三，用三的能力去和諧萬物，就是《道德經》傳遞給領導者的真理。

　　一生二，二生三，三生萬物，萬物負陰抱陽沖氣以為和。這句話全面地總結了宇宙人生總的執行原理，它就是老子對道的認知和總結。

　　正因為他言道五千，才有了後世的文有文道，武有武道，茶有茶道，書法有書法之道，天有天道，人有人道，學有學道，幸福有幸福之道。

　　萬法之宗，只是一法，這一法便是一陰一陽謂之道。

道可道，非恆道

　　無數人想用一天就解決所有問題；無數人想得到一個東西然後躺等幸福到永遠。

　　道可道，非恆道。

　　這個世界是統一的矛盾，是統一的陰陽，是永遠會存在對立統一兩個方面的。沒有人一天會解決所有問題，也不會有人到一個地方就永遠幸福，更不會遇見了一個人就達到了極樂。

　　幸福在路上，快樂在路上，人生在路上，道可道也在路上。

　　這條路叫真理之路，這條路也叫陰陽相生之路。

　　如果我們明天不再有問題等待解決，那真的是好事嗎？

　　如果我們今天已探索盡了所有，明天我們做什麼？

　　學習的過程本身是可以無限美好的，解決問題的過程本身是可以感受到快樂幸福的。

　　這個世界本身什麼都不缺，感覺缺失的是個體，正是

因為我們感覺到了缺失，才有了追求，才有了進步，才有了無數精彩，才有了人與人的合作、人與事的合作、人與一切的合作。

創新是可以有趣的，管理是可以美妙的，但要投入於發現，投入於不斷學以致用之中。

道可道，非恆道。道是可以說的，也是可以教的，更是可以傳的，但卻是永遠說不盡的，永遠教不全的，永遠傳不完的。因為師父領進門，修行在個人。

再好的老師也無法說盡內心的全部，再好的學生也不能複製一個老師，將其做成自己。

傳道就像為我們的人生路上安放的路標，我們看見了正確的路標，路是要靠自己走過去的。

沒有人可以代替我們吃飯，沒有人可以代替我們跑步減肥，也同樣沒有人可以代替我們修行。

道是可以道的，傳道要永遠傳下去，管理要永遠做下去，人類要永遠活下去，這才是最正確的人生態度。

天人合一

　　世界上最美妙的感覺，是感覺我與世界成為一體。

　　人類最偉大、正確的認知，是意識到天人和諧。

　　古老的天人合一理念，是一種內外合一的理念。比如眼睛和外面的光合一形成了視覺色彩，耳朵和外面的聲波合一形成了聽覺聲音。

　　這個世界離開陰陽的任何一方面，都是不可能存在的。比如主客觀之爭，有人說世界是有聲有色的，有人說世界是無聲無色的。其實世界上的任何東西，都是陰陽合一而成的，拋開了眼睛，就不會有顏色這個形象；拋開了聽覺，就不會有聲音。

　　就連光波聲波，都是它的小我與外面的大我合一而成的。

　　原子是陰陽兩性和合而成，人類是男女兩性和合而成。一切個體事物都是陰陽和合而成的。

　　懂得了這個道理，就會懂得天人合一的真理。

　　孟子說：「萬物皆備於我。」很多人不以為然，覺得孟

子太自大，其實這是對「萬物皆備於我」的誤讀。

這句話的意思是天人一體，是古老思想的一種孟子式的解讀而已。如果再加一句，應該是：「萬物皆備於我，我亦備於萬物。」

我們人類都是一體而生、一體而長的。雖然不可避免地要出現對立，出現愛恨情仇，但這正是相反相成的必然過程。

一體之內，必然會存在相反的力量對抗，正是存在著相反的力量，才能彼此在制約中和諧，彼此在不同中協同，彼此在對立中統一，彼此在相反中實現進化。

天人合一，物我合一，關鍵在於怎麼樣和諧萬物萬事。

沒有人喜歡被傷害，所以和諧相處就是彼此都能接受的共贏之路。天人合一的理念，教給我們的是，把任何存在首先要看成一體化，只有看到一體化的時候，才能盡最大可能地掌握整體，整體和諧的美好才有實現的可能和希望。

一個團隊是一個整體，一個人是一個整體，所有人構成的社會是一個整體，天下加我們是一個整體。

　　想要解決好問題，必須從整體入手，這樣才能看清各方的利害，才能協調各方、達成統一共識。以減少傷害的方式，一體化解決問題，就是和諧之道。

管理之道

在最後一節，總結一下我們所說的管理之道。

首先我們向古老的《道德經》學習，老子說，管理之道，應該遵循天之道。天之道，損有餘而補不足，天之道……

管理者要順其自然，管理者要給人自在，管理者要做好老師，管理者要有父母心。這些都是效法最大的整體，天地萬物生養了人類，管理者要取法天地的道理，善待我們的員工和客戶，才能德配其位。

這是抱一的智慧，把我們和團隊成員與客戶理解成一個整體，這也是大愛的覺知。

然後是識二的智慧。不能識陰陽，就無法精準服務，所以識陰陽必不可少。懂得陰陽變化，掌握陰陽變化，透過陰陽變化實現和諧發展，就是大智慧的修練。

最後也提出了修三的重要性，修三就是修練和諧能力。由於這個和諧能力，是人為人處世的根本能力，身為管理者，就更尤為重要。所以在修三內容的講解中，用了

大量筆墨。

　　以上便是這本書的主旨，即抱一識二修三，這也是我們想透過這本書，分享給更多人的人生感悟。

　　雖然幾萬字的作品，不足以道盡心中感悟，也不足以讓人直接得道，但就像古人做事，不求完美的當下，只求最好的方向。

　　寫到此處，回望人生，慶幸自己學習了傳統文化。

　　世間如此美好，真心希望更多的人，走上正確的修行之路。

　　我們也以此書，分享給天下同修，有不足之處，還望大家批評指正。

後話

推開眾妙之門，開啟感悟之門。

這是我們多年傳道的夙願。

很多年前，我們與國學經典相逢，那時從未想過，我們也可以寫一本關於學習國學的書。

奇妙的修行，奇妙的國學智慧。

萬萬沒想到的是，我們竟然自然而然地做到了。

我們用實證檢驗了古人的話是正確的：千里之行，始於足下，九層之臺，起於壘土，合抱之木，生於毫末。

只要沿著正確的道去走，能力就會日漸提升。雖未必做到三日不見當刮目相看，也能做到三年不見，當另眼相看。

分享了幾萬字的感悟，有種喜悅油然而生。

喜悅於把想說的話說了，喜悅於把我們喜歡的智慧，分享了出來。

希望讀到這段話的朋友，相信祖先留下的智慧。

切記，聖賢不誆我。

電子書購買　　爽讀 APP

國家圖書館出版品預行編目資料

修齊治平，塑造管理者的內涵與能力：從老子
到老闆，管理學的在中西思想碰撞後發生的轉
變 / 王小丹 著 . -- 第一版 . -- 臺北市：財經錢線
文化事業有限公司 , 2024.03
面；　公分
POD 版
ISBN 978-957-680-798-5(平裝)
1.CST: 管理科學
494　　　　113002288

修齊治平，塑造管理者的內涵與能力：從老子到老闆，管理學的在中西思想碰撞後發生的轉變

臉書

作　　　者：王小丹
發 行 人：黃振庭
出 版 者：財經錢線文化事業有限公司
發 行 者：財經錢線文化事業有限公司
E - m a i l：sonbookservice@gmail.com
粉 絲 頁：https://www.facebook.com/sonbookss/
網　　　址：https://sonbook.net/
地　　　址：台北市中正區重慶南路一段六十一號八樓 815 室
Rm. 815, 8F., No.61, Sec. 1, Chongqing S. Rd., Zhongzheng Dist., Taipei City 100,
Taiwan
電　　　話：(02) 2370-3310　　傳　　　真：(02) 2388-1990
印　　　刷：京峯數位服務有限公司
律師顧問：廣華律師事務所 張珮琦律師

定　　　價：299 元
發行日期：2024 年 03 月第一版
◎本書以 POD 印製
Design Assets from Freepik.com